非晶合金及其复合材料的激光增材制造

吕云卓　编著

机械工业出版社
CHINA MACHINE PRESS

本书全面介绍了非晶合金及其复合材料的发展历史、研究现状以及科学问题。重点介绍了Zr基和Fe基两种非晶合金及其复合材料。详细阐述了激光增材制造Zr基非晶合金及其复合材料的成形过程数值模拟、工艺参数优化、微观组织和力学性能，以及梯度结构、层状结构的强韧化机制；激光增材制造Fe基非晶合金及其复合材料的微观组织、力学性能和裂纹缺陷控制。本着在理论上讲透，实践上讲够的原则，本书尽量为读者提供比较丰富、全面的激光增材制造非晶合金及其复合材料的知识。

本书可供从事高端技术产品研发、生产的科学技术人员以及高等院校的师生参考。

图书在版编目（CIP）数据

非晶合金及其复合材料的激光增材制造 / 吕云卓编著. -- 北京 : 机械工业出版社，2024. 10. -- ISBN 978-7-111-76517-2

Ⅰ. TG139

中国国家版本馆 CIP 数据核字第 2024XU3545 号

机械工业出版社（北京市百万庄大街22号　邮政编码100037）

策划编辑：吕德齐　　责任编辑：吕德齐

责任校对：郑　雪　陈　越　　封面设计：马若濛

责任印制：邓　博

北京盛通数码印刷有限公司印刷

2024年10月第1版第1次印刷

169mm×239mm · 10.5印张 · 2插页 · 175千字

标准书号：ISBN 978-7-111-76517-2

定价：99.00 元

电话服务

客服电话：010-88361066
010-88379833
010-68326294

网络服务

机　工　官　网：www.cmpbook.com
机　工　官　博：weibo.com/cmp1952
金　书　网：www.golden-book.com
机工教育服务网：www.cmpedu.com

前　言

材料是人类赖以生存和发展的基础。在人类文明发展的历史长河中，材料有着标志性的作用。依照材料的不同，人类的历史可以分为石器时代、青铜时代、铁器时代以及近代以来的新材料时代。每一种新材料的诞生都会对人类的生活方式产生深远的影响，都将推动社会的发展和人类文明的进步。材料的应用领域非常广泛，大到国防尖端产业，小到生活日用品，从人类文明的最顶层一直到日常生活的点点滴滴都离不开各种各样的材料。而伴随着前沿科技的不断发展，人类所需要的材料的性能在不断提高，特别是像航空航天、船舶、轨道交通、汽车、能源以及其他尖端制造业，对材料的要求越来越高，尤其需要在极端条件下还能正常服役的新型材料。非晶合金的出现吸引了许多科研人员的注意，由于其微观构成不同于传统的晶体材料，“混乱”的内部原子结构赋予了其诸多良好的性能，具有广泛的潜在应用价值，因此非晶合金迅速成为当下研究热点。

非晶合金是一种亚稳态的金属材料，不同于传统金属内部原子的周期性排列。非晶合金由于加工时的快速冷却，原子有序化进程“失效”，形成了类似液体的结构，内部原子排列长程无序、短程有序，具有金属与玻璃的双重特性，所以非晶合金也被称为金属玻璃。由于其内部的独特排列，非晶合金没有传统晶体中常见的缺陷，如位错、层错等，这种结构赋予了其接近理论值的断裂强度、高硬度、高耐蚀性等特点。非晶合金的独特结构使其在拥有高强度、高硬度等良好的力学性能的同时，还拥有出色的物理化学性能，在医疗、军事、核工业等方面都有着广阔的应用潜力。随着科研的进一步深入，非晶合金必定会应用于各种尖端设备，成为金属材料中不可或缺的一分子。

非晶合金由于其独特的原子排列方式和微观组织结构，具有良好的物理、化学和力学性能，并受到越来越多科研团队的重视。然而非晶合金的临界尺寸问题和室温脆性问题严重限制了其在工业生产中的广泛应用和长远发展。能否突破非晶合金的临界尺寸和复杂形状的制备限制是其能否实现大规模应用的关键，而激光增材制造技术的出现为解决上述问题提供了难得的契机。激光增材制造技术的特点是逐点加热金属粉末材料并快速冷却，其冷速超过了绝大多数非晶合金形成非晶的临界冷却速率，可以无尺寸限制地生产制备铁基非晶合金。但是激光增材制造技术会不可避免地产生热应力，如果热应力超过材料屈服强度就会有变形或开裂的风险，而铁基非晶合金几乎不显示宏观室温塑性，导致采用激光增材制造技术制备非晶合金会产生裂纹缺陷。利用激光增材制造技术制备非晶合金复合材料有望解决以上困扰非晶合金多年的问题。在非晶合金基体中添加与其成分相近的软相金属，利用晶体相出色的延展性来吸收激光增材制造过程中产生的热应力，同时提升基体的塑性应变，起到给非晶合金增塑的作用。此外，以梯度结构和层状结构制备非晶合金复合材料，可以实现高强度和良好塑性的理想配合。

本书力图给读者提供尽可能丰富的激光增材制造非晶合金方向的资料，但是由于本人水平有限，加之科学技术发展迅速，有关新技术、新材料不断涌现，因此难免有不足之处，敬请广大读者指正、谅解。若本书对您有所裨益，那我不胜荣幸。在此，对本书所引用资料的国内外作者表示敬意和感谢！

大连交通大学　吕云卓

目 录

第 1 章

非晶合金及其复合材料概述

材料是人类生存、社会进步和科技发展的重要物质基础，也是直接推动社会进步的原动力。一种新型材料的问世、发展及应用，都将对科学研究、社会生产和人们的日常生活产生巨大影响。非晶合金一经问世立即引起众多国内外优秀科研团队的高度关注和研究兴趣。由于特殊的原子排列方式和微观组织结构，非晶合金表现出的优异特性使其在软磁功能材料、电子器件、耐蚀涂层和结构材料领域有着巨大的应用前景。

1.1 非晶合金

1.1.1 非晶合金的定义和结构

非晶合金又称金属玻璃[1]（metallic glass）或玻璃态合金，其制备原理是采用较高的冷却速率使合金熔体中的原子没有足够的时间进行有序化排列，进而使熔融状态下的无序原子结构保留到固体状态，形成非晶体的金属合金。

有别于传统金属中原子以三维长程有序周期性规则排列的内部晶体结构，非晶合金内部组织保留了原有熔体的微观结构，其原子排列方式类似于传统的氧化物玻璃，具有在三维空间内呈长程无序、短程有序的特征，图 1-1 直观地反映了晶态和非晶态原子结构的差别。

非晶合金在热力学上处于不稳定的亚稳态，在加热的过程中会发生明显的玻璃化转变，且容易受外界因素的影响而诱发微观结构的改变[2]，如结构弛豫、相转变和晶化等，继而使非晶合金向更稳定的晶态合金转变，以遵循原子排布能量最低原理的要求。但与传统的氧化物玻璃不同，非晶合金内部原子间主要以金属键相互结合，而不是以共价键相互结合，进而使得非晶合金不仅具备了很多金属所特有的性能，而且非晶合金内部没有晶粒、晶界、位错及层错。非晶合金独特的原子排列方式和微观组织结构，使其具有优于传统晶态合金的力学、磁学和耐蚀性能，如高强度、高硬度、高断裂韧性、高弹性极限、过冷液相区超塑性变形能力、高饱和磁感强度以及较低的矫顽力等[3, 4]，在软磁功能材料、电子元器件、耐蚀涂层、航空航天及军事装备等领域有着巨大的应用潜能。

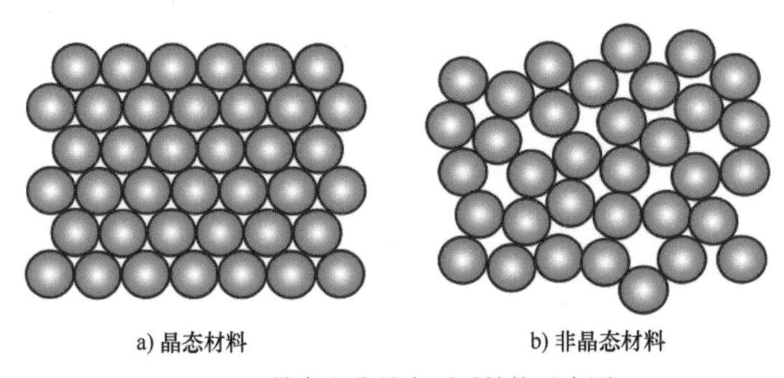

图 1-1　晶态和非晶态原子结构示意图

对于晶态合金而言，可以通过相对简单的结构单元以及结构特性来描述它，如晶格、晶胞以及对称性等。而非晶合金的原子排列方式为长程无序、短程有序，性能上表现为各向同性，结构上无法满足布拉格点阵方程条件，导致对其结构以及结构与性能之间的关系的研究工作变得更加困难[5, 6]。使用透射电子显微镜对其进行衍射分析时无法获得明锐的表征晶体结构的衍射斑点，而只能得到一个宽化的漫散射环；在进行 X 射线衍射分析时只能得到漫散射峰，如图 1-2 所示。

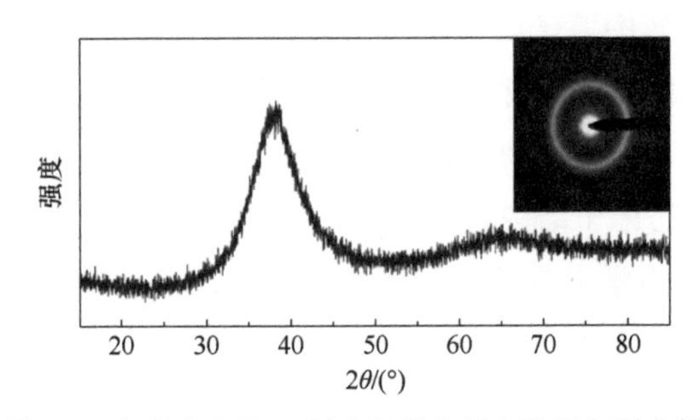

图 1-2　非晶合金的 X 射线衍射分析和选区衍射花样

1.1.2 非晶合金的发展史以及现状

非晶合金的发现已经将近100年，其发展历程简单可以概括分为以下几个时间段。

1934年德国物理学家Kramer利用蒸发沉淀技术制备了世界上最早的非晶合金，他在冷的玻璃基体上沉积了非晶态金属薄膜，继而引起了科学家们的极大兴趣；随后，Brenner等人利用电解与化学沉积方法制备了非晶态的Ni-P和Co-P二元合金薄膜，并将其广泛地应用于金属表面的防腐涂层；1951年，美国哈佛大学的物理学家Turnbull等人对非晶合金的过冷度与非晶形成能力的影响关系进行深入研究和分析，提出了非晶合金的形成判据并初步建立了非晶合金的形成理论，为材料学和物理学的发展奠定了理论基础；20世纪70年代初，美国加州理工学院的Duwez成功研发了一种可以使冷却速率达到10^6K/s的制备技术，即喷溅急冷法（spurt-cooling），并通过该技术成功制备出了厚度为20μm的非晶态Au-Si合金薄带。至此之后，尽管各科研团队开展了大量关于非晶合金的基础研究工作，但由于当时制备方法的限制导致传统非晶合金普遍具有较差的非晶形成能力，且在冷却过程中抑制晶体的形核需要极高的冷却速率（10^5~10^6K/s），因此制备出的非晶合金往往为粉末状、薄带状、细丝状等微尺寸的样品。

直到1974年，陈鹤寿等人制备出了世界上第一块直径为毫米级（三维尺寸中最小尺寸大于1mm）的圆柱状Pd-Cu-Si非晶合金，该非晶合金是采用铜模铸造法以相对较低的冷却速率（10^3K/s）制备出来的。毫米级的非晶合金制备成功不但是非晶合金研究工作中的一个重大突破，而且也标志着块状非晶合金（bulk metallic glass，BMG）就此问世。20世纪80年代初，Turnbull科研小组[7, 8]通过连续加热和冷却处理的方法制备了直径为5mm的非晶态Pd40Ni40P20合金棒材，并且采用B_2O_3熔剂包覆技术净化合金熔体，以消除合金熔体中的非均质形核，从而获得临界冷却速率仅为10K/s，但直径高达1cm的非晶态Pd40Ni40P20合金棒材。20世纪80年代末，块状非晶合金的研究工作取得了突破性的进展。各科研团队在研究过程中发现一些多组元合金体系具有较强的非晶形成能力，这类合金仅依靠传统的水淬法或铜模铸造法等方法就能够实现大尺寸块状非晶合金的制备，且临界冷却速率大多低于100K/s。

日本东北大学的 Inoue 课题组[9]转换了非晶合金研究工作的方法和思路，从最初的单纯依靠改进工艺条件来提升非晶合金的非晶形成能力转变为从合金成分设计的角度来提高合金体系自身的非晶形成能力。他们采用传统水冷铜模铸造法，先后开发出 La-Al-TM[10, 11]、Mg-La（Y）-TM[12, 13]、Zr-Al-TM[14]、Pd-Cu-Ni-P[15]、Nd-Al-Fe[16]、Zr-Al-Cu-TM[17]（TM 代表过渡金属元素）等具有较强的非晶形成能力的多组元合金体系。其中 Zr55Al10Ni5Cu30 非晶合金具有较强的非晶形成能力和热稳定性，制备出的非晶合金棒材的临界直径可达 30mm，过冷液相区的宽度可达到 127K[18]；1997 年，Inoue 课题组以 Pd40Ni40P20 非晶合金为基础，并以 30%（摩尔分数）的 Cu 元素取代成分中 30%（摩尔分数）的 Ni 元素，从而开发出最低临界冷却速率为 0.1K/s 且临界直径达 72mm 的 Pd40Cu30Ni10P20 块状非晶合金[19]。基于大量试验工作的总结，Inoue 提出了块状非晶合金成分设计的三个经验准则[4]：①合金系由三个或者三个以上的合金元素组成；②组成合金系的元素之间有较大的原子尺寸差，其中主要元素之间的原子尺寸差应大于 13%；③元素之间具有较大的负的混合焓。综上所述，Inoue 课题组所做的工作为设计和开发新的块状非晶合金体系提供了经验借鉴和理论基础。同一时期的美国加州理工学院的 Johnson 研究组[20]成功地设计和开发出了非晶形成能力可以与传统氧化物玻璃媲美的 Zr-Ti-Ni-Cu-Be 块状非晶合金体系，并且通过静电悬浮法测定了该体系中具有极强的非晶形成能力的 Zr41.2Ti13.8Cu12.5Ni10Be22.5 非晶合金的临界冷却速率，以及对该合金的晶化动力学情况进行了详细研究。与此同时，他们也相继设计和开发出了一些不含 Be 元素的 Zr 基非晶合金及其复合材料。至此，科研团队逐步意识到设计和开发多组元非晶合金体系具有制备出大尺寸块状非晶合金的潜力，从而使得非晶合金的研究工作取得了重大突破，为非晶合金的应用奠定了理论基础。

进入 21 世纪，沈军课题组[21]通过大量的试验使得 Fe 基非晶合金的临界尺寸提高到了 16mm；Xu 等人[22]开发了临界尺寸为 14mm 的 Cu-Zr-Al-Y 非晶合金；Ma 等人[23]开发了临界尺寸为 25mm 的 Mg-Cu-Ag-Gd 非晶合金；唐明强等人[24]设计和开发了 Zr-Ti 系列非晶合金，将 Ti 基非晶合金的临界尺寸提高到了 50mm 以上。此外，科研工作者们又相继设计和开发了 Fe 基、Co 基、Al 基、Ni 基、Nd 基、Mg 基等多个合金体系[25]，大幅度提高了制备非晶合金的临界尺寸。非晶合金尺寸的不断增大为其力学性能、物理性能和化学性能等的研究工作提供了条件，同时也拓宽了非晶合金的应用领域。2006年，新加坡国立大学的Q.Jing等人制备出了非晶态Zr60Ni21Al19三元合金棒状试样，其样品直径可达8mm[26]；2007年，中国科学院物理研究所的汪卫华课题组经过大量反复的试验，最终设计开发出了具有室温超塑性的块状Zr基非晶合金[27]；2008年，Hofmann等人采用半固态处理合金熔体的方法制备出具有拉伸塑性的非晶合金复合材料[28]，该材料在拉伸测试过程中出现了传统晶体材料典型的颈缩现象；2009年，耶鲁大学的Schroers教授利用非晶合金在过冷液相区具有超塑性的特性，成功地进行了纳米影印[29]；在2011年，蒋建中科研团队更是成功地制备出了临界尺寸高达73mm的超大尺寸的Zr46Cu30.14Ag8.36Al8Be7.5非晶合金块体[30]；2012年，Inoue课题组研发出了直径达85mm的大尺寸Pd基非晶合金块体[31]。随着越来越多的科研团队对非晶合金进行深入的探索和研究，非晶合金有望凭借其独特的结构和优越的性能而得到广泛的应用。

1.1.3 非晶合金的应用

非晶合金具有特殊的原子排列方式和微观组织结构，这使其具有很多优异的性能而获得广泛的应用。

1. 体育用品

由于非晶合金中不存在大量的晶界、位错和层错等缺陷，在发生塑性变形时则不会由于晶界、位错的运动而产生滑移现象，因此非晶合金表现出高强度、高硬度、良好的弹性以及高断裂韧性等优异的性能，使其在体育用品领域得到了大规模的应用。图1-3a所示为Liquidmetal公司研发的以锆基非晶合金为原材料的高尔夫球头[4]，充分利用了非晶合金具有较高的弹性极限和较低的弹性模量的特性，使得运动员在击打高尔夫球时能够将球头大约99%的动能传递给球，能量传递效率明显优于传统钛合金高尔夫球头，因此使用非晶合金球头进行击打可使高尔夫球飞得更远且距离更容易得到控制；除此之外非晶合金球头相比于传统钛合金球头，具有更高的硬度和强度。与此同时，非晶合金还被用来开发和制造网球拍、水中呼吸器、滑雪板以及自行车零部件等体育器材。

2. 微型精密器件

随着生物领域和通信领域的日益发展，小型及微型机械零部件的需求量也与日俱增，这些微型精密零部件既要求具有较高的尺寸精度，又要求具有较好的力学性能。与传统的晶态合金材料相比，非晶合金具有较高强度，且在过冷液相区内可通过黏性流动获得复杂形状的零部件，这两个优势使得其在制造精密器件，尤其是微纳米级别的精密器件领域，极具应用前景和发展潜力。图 1-3b 所示为 Liquidmetal 公司制造的直径为 80μm 的非晶合金齿轮，该齿轮尺寸精度高且表面十分光滑，应用于微电机系统，其磨损量少，寿命是传统钢齿轮的 313 倍[32]。

3. 医疗器械

在医疗器械领域，以非晶合金为原材料制得的植入器件具有高强度、高耐蚀性和良好的生物兼容性等优点[33, 34]。利用上述非晶合金的特性可以大幅度减小植入器件的生产尺寸从而减少手术给患者带来的痛苦，可以明显延长器件在人体内的有效使用时间从而避免再次进行植入手术带给患者的更大伤痛。到目前为止，可预见的生物医疗领域用途有人造骨、手术刀、体内生物传感器、微型医疗设备等。图 1-3c 所示为非晶合金制得的手术刀。

4. 航空航天

在航空航天领域，块状非晶合金是制造航天飞行器最为理想的结构材料。其主要原因是在 –200~400℃温度范围内，温度的变化对于非晶合金的物理性能、化学性能和力学性能的影响很小[35]，能保证航天飞行器很好地适应温度变化极其剧烈的太空环境。此外，块状非晶合金具有更大的比强度，高于传统晶体材料 3 倍之多。块状非晶合金的优异性能可以更好地保证航天飞行器正常工作，降低其工作故障率。

5. 军事装备

在军事装备领域，美国军方目前已经将非晶合金材料大规模地应用于制造引信部件、航空结构件、无人机及船舶部件等军事装备。图 1-3d 所示为采用钨纤维增强的非晶合金复合材料制备的穿甲弹，该穿甲弹是当前国际军事领域受到足够重视的研究方向。由于非晶合金复合材料的密度大，且在高速载荷作用下具有极高的动态断裂韧度和良好的自锐性。钨纤维增强的非晶合金复合材料制备的穿甲弹不仅比贫铀合金制备的穿甲弹性能好，更为重要的是其不具有贫铀弹的放射性污染，所以钨纤维增强的非晶合金复合材料被认为是制备穿甲弹的最佳材料[36]。此外，充分利用非晶合金的高硬度特性还可研发制造装甲、防弹背心等军事防护装备。

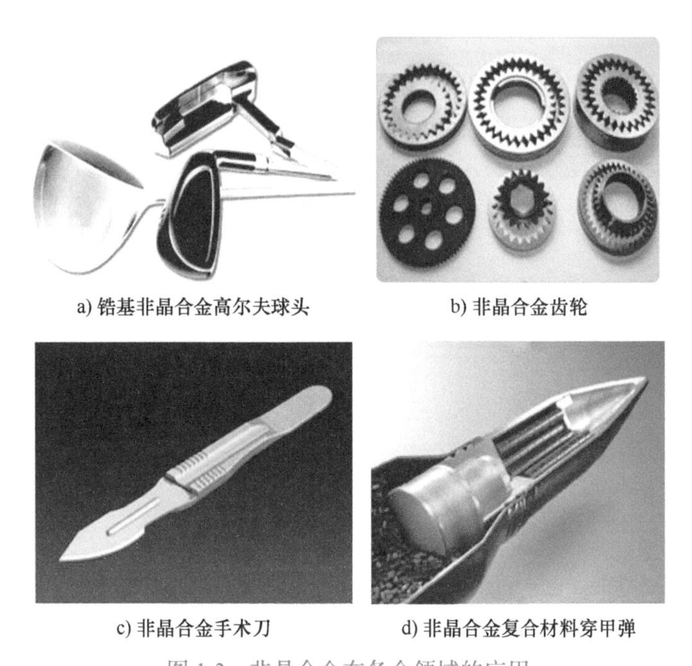

a) 锆基非晶合金高尔夫球头　b) 非晶合金齿轮

c) 非晶合金手术刀　d) 非晶合金复合材料穿甲弹

图 1-3　非晶合金在各个领域的应用

1.1.4　非晶合金存在的问题和瓶颈

自非晶合金出现以来，越来越多的国内外科研团队相继投入到对此新型材料的研究工作中。特殊的原子排列方式和微观组织结构使得非晶合金具有高强度、高硬度、高断裂韧性、高弹性极限等一系列优异的物理性能，但是作为结构材料尚未获得广泛的实际应用。非晶合金的室温脆性和较小的临界尺寸问题是导致其无法大规模应用的主要原因。

1. 临界尺寸问题

非晶合金目前在实际工业生产过程中主要应用铜模铸造法制备。铜模铸造法的工作原理是利用压力差将熔融状态下的合金熔体压入铜模腔内，使合金熔体在铜模中快速冷却凝固获得非晶合金。而采用此方法铸造时，由于熔体本身传热能力所限，当熔体尺寸较大时，其中心的冷却速率很难提高，因此受到了临界浇注尺寸的限制。此外，对于复杂形状工件的加工，铜模铸造法很难达到其形状的要求，存在很大的局限性。

2. 室温脆性问题

由于非晶合金内部不存在位错等缺陷，非晶合金在室温下是以非均匀方式变形。在载荷的作用下发生塑性变形时，非晶合金内部会形成高度局域化的剪切带。由于没有晶界、位错等缺陷的阻碍，剪切带会迅速增殖和扩展，最终导致非晶合金发生脆性断裂，因此很难用传统的机械加工方法对其进行机械加工。采用铜模铸造法制备的非晶合金如图 1-4 所示。

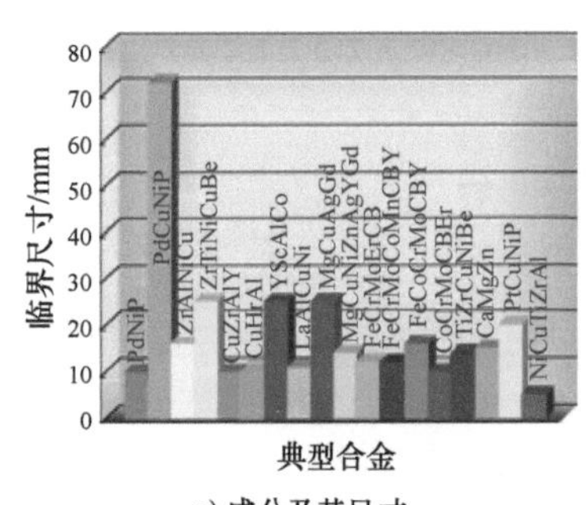

a) 成分及其尺寸　　b) 非晶合金脆性断裂的断口形貌

图 1-4　采用铜模铸造法制备的非晶合金

综上所述，块状非晶合金较小的临界尺寸问题和严重的室温脆性问题导致了铜模铸造法难以制造出大尺寸且具有复杂形状的非晶合金构件。这严重地限制了非晶合金在工业生产中的大规模应用，所以必须设计开发新的非晶合金制备工艺，突破传统工艺方法制备非晶合金的临界尺寸和复杂形状的制约。

1.2　非晶合金复合材料

非晶合金复合材料的引入是为了突破非晶合金在室温下塑性较差的应用瓶颈。非晶合金复合材料具有较好的室温塑性，其主要是通过在非晶合金基体中引入第二相，起到抑制剪切带的增殖和扩展的作用，从而提高非晶合金的室温塑性。

1.2.1 非晶合金复合材料概述

非晶合金虽具有优异的力学性能，且在结构材料领域里展现巨大的应用潜能，但其室温脆性这一局限严重限制了它的应用范围。由于非晶合金的塑性变形与剪切带的增殖和扩展密切相关[37, 38]，因此抑制剪切带的增殖和扩展是提高其室温塑性的有效手段。科研工作者采取的主要手段是以非晶合金为基体，在基体中引入韧性较好的第二相，如金属丝、颗粒、枝状晶等，抑制单一剪切带的增殖和扩展；通过第二相与非晶合金基体之间的相互作用，促进剪切带增殖并诱发多重剪切带的形成和扩展，从而提高非晶合金的塑性变形能力，达到增强其室温塑性的目的。

根据第二相引入的方式不同，非晶合金复合材料可以分为两类：内生型（原位合成）非晶合金复合材料和外加型（异位合成）非晶合金复合材料[39]。内生型非晶合金复合材料是指根据设计好的合金成分，选择合适的凝固工艺，控制其冷却条件或晶化热处理方式，使得第二相在凝固过程中从合金熔体中直接析出；外加型非晶合金复合材料是指在合金熔体浇注之前将第二相直接引入非晶合金基体材料，以达到增强、增韧的目的。

1.2.2 内生型非晶合金复合材料的制备方法

冷却速率是影响内生型非晶合金复合材料制备的一个非常重要的因素，其直接影响析出的第二相粒子的尺寸、含量以及分布规律。内生型非晶合金复合材料主要包括以下几种制备方法。

1. 非晶晶化法

非晶晶化法主要是通过合理的退火工艺，获得尺度在几纳米到几十微米之间的第二相粒子并且均匀分布在非晶合金基体中，形成非晶合金复合材料的方法[40]。最为关键的工艺参数为退火温度和退火时间，通过调整退火工艺参数控制晶体相在非晶合金基体内部的形核率和生长速率，并以最优尺寸、含量和均匀分布的第二相形式析出，从而制备出性能优异的非晶合金复合材料。

2. 急冷铸造法

急冷铸造法是通过合理的非晶合金成分设计和凝固过程中冷却速率的调整

控制，使合金熔体在其凝固过程中直接析出微米级的第二相颗粒或枝状晶且均匀分布，剩余的具有极强非晶形成能力的合金熔体凝固形成非晶合金基体，从而制备出非晶合金复合材料的方法。

3. 原位反应法

原位反应法是在非晶合金基体中加入与其中某一组元结合力较强的非金属元素（P、C）或碳化物等，通过高温熔炼和快速凝固形成高熔点的陶瓷颗粒，作为第二相粒子，从而制备非晶合金复合材料的方法。原位反应法生成的陶瓷颗粒存在形状不规则且第二相团聚的问题，对提高非晶合金力学性能的效果有限，而且合金熔体中引入了较多的金属元素或化合物，会对其本身的非晶形成能力产生影响，因此利用原位反应法制备非晶合金复合材料仍存在许多亟待解决的问题。

1.2.3 外加型非晶合金复合材料的制备方法

外加型非晶合金复合材料的制备，不仅需要非晶合金基体自身具有较好的非晶形成能力，还需要引入的第二相具有较好的高温稳定性且与非晶合金基体不会发生过多的化学反应。外加型非晶合金复合材料主要包括以下几种制备方法。

1. 粉末冶金法

粉末冶金法是首先通过雾化或机械合金化的方法制备非晶合金粉末，然后将非晶合金粉末与第二相颗粒均匀混合，最终在非晶合金的过冷液相区内进行热挤压获得块状非晶合金复合材料的方法。该制备方法适用于第二相粒子含量较大、颗粒尺寸较小的情况。粉末冶金法制备非晶合金复合材料可以保证第二相较为均匀地分布在非晶合金基体中，但制备出的材料也存在一定的问题，例如孔隙率较高、致密度不高、粉末的氧化程度较为严重，这些弊端都在一定程度上影响了非晶合金复合材料的性能[41-44]。

2. 直接铸造法

直接铸造法是将非晶合金基体和外加的颗粒直接混合并加热至非晶合金液相线温度以上，同时使用电磁搅拌技术保证外加颗粒均匀地分布在非晶合金基体中，利用铜模铸造法获得非晶合金复合材料的方法。直接铸造法工艺过程简单，操作可控性强，同时也是制备非晶合金复合材料最常用的方法。

3. 压力熔渗法

压力熔渗法是通过在液相线以上保温，并在合金熔体上施加一定压力，使外加第二相与合金熔体充分混合，然后快速凝固获得非晶合金复合材料的制备方法。这种方法多用于制备高含量颗粒、长纤维或者多孔骨架增强的非晶合金复合材料。

第 2 章

激光增材制造 Zr 基非晶合金

2.1 Zr 基非晶合金的成分设计和粉末制备

激光增材制造（也称激光 3D 打印）试验需要以金属粉末作为试验原料。使用具有较强非晶形成能力和热稳定性的非晶合金成分作为原料，抑制在激光增材制造过程中由于热积累所产生的晶化，是成形全非晶或接近全非晶的关键之一。本节利用二元共晶比例法设计开发一种具有较强非晶形成能力和热稳定性的 Zr 基非晶合金成分。

2.1.1 二元共晶比例法

自非晶合金被发现以来，研究人员已发现多种非晶形成能力较强的合金体系，但新的非晶合金体系的开发通常依靠经验，而合金元素的添加及其原子配比则往往采用试差法[45]，这严重制约了非晶合金体系非晶形成能力的提高及非晶合金新体系的开发进程，从而制约非晶合金研究的进展。为此，研究人员相继总结出了一些非晶形成能力强的合金体系的组成元素间的关系，如 Inoue 提出的“井上三原则”；Egami 等人[46]提出非晶合金中原子尺寸差与其成分配比之间的定量关系；Poon 等人[47]提出过冷熔体或非晶结构中存在短程有序的共价键网格模型；董闯等人[48]引入原子尺寸和电子浓度 *e/a*（价电子 *e* 与其原子数 *a* 的比值）作为判据来评价非晶形成能力和开发非晶合金新体系；Li 等人[49]提出深共晶区成分钉扎法；Cao 等人[50]提出热力学相图计算法等。这些准则、方法都为新的具有强非晶形成能力的合金体系的开发提供了一些帮助，但都或多或少存在局限性。因而寻求具有强非晶形成能力合金组成元素间的内在关系，提出一种简捷的开发块状非晶合金新体系的方法是一种挑战。

金属凝固过程中存在形成晶体，特别是形成共晶成分晶体的趋势，因此在非晶合金的形成过程中须有效抑制晶体相的形核。假如非晶合金中各组成元素以共晶点成分配比，则各元素间都有形成共晶成分合金的趋势。在凝固过程中几种共晶成分晶体间互相竞争形核，晶体的形核在竞争中被抑制，任何一种共晶成分晶体产物形成的可能性都大幅度降低，而更易得到非晶合金。且根据 Turnbull 提出的经典形核理论，晶体形核速率 I 与约化玻璃化温度 T_{rg} 呈反比。约化玻璃化温度计算公式为

$$T_{rg}=\frac{T_g}{T_l} \tag{2-1}$$

式中　T_g——玻璃化温度；

T_l——合金的液相线温度。

显然在共晶温度附近，合金具有大的约化玻璃化温度，即在共晶点附近合金熔体具有小的形核率，这就是二元共晶比例法的基本物理思想。孙亚娟等人验证了此方法在开发非晶合金过程中计算的准确性和高效性，见表 2-1。与此同时，其他研究人员也用此方法开发了 Zr 基[51]、Mg 基、Cu 基[52]等多种块状非晶合金的新成分，同时验证了其在开发非晶合金新体系和优化已有非晶合金成分方面的有效性和便捷性。

表 2-1　由二元共晶比例法得到的合金成分与文献报道的块状非晶合金成分

适当比例混合二元合金	二元共晶比例法	文献报道的成分
1/3（La24Al76）+2/3（La69Ni31）	La54Al25.3Ni20.7	La55Al25Ni20
1/5（La24Al76）+2/5（La71Cu29）+2/5（La69Ni31）	La60.8Al15.2Cu11.6Ni12.4	La62Al15.7（Cu, Ni）22.3
1/4（Cu72Y28）+1/3（Mg91Y9）5/12（Cu14.5Mg85.5）	Mg66Cu24Y10	Mg65Cu25Y10
1/3（Cu62Zr38）+1/3（Cu46Zr54）+1/3（Cu73Ti27）	Cu60.3Zr30.7Ti9	Cu60Zr30Ti10

（续）

适当比例混合二元合金	二元共晶比例法	文献报道的成分
1/10（Zr76Ni24）+1/10（Zr38Cu62）+ 1/4（Ti76Ni24）+11/20（Ti27Cu73）	Cu46.3Ni8.4Ti33.9Zr11.4	Cu47Ni8Ti34Zr11
3/10（Y58Al42）+3/10（Y68.9Co31.1）+ 2/10（Sc43Al57）+2/10（Sc63Co37）	Y38.1Sc21.2Al24Co16.7	Y36Sc20Al24Co20
1/2（Pd81P19）+1/2（Ni81P19）	Pd40.5Ni40.5P19	Pd40Ni40P20
1/2（Pd81P19）+1/8（Ni81P19）+3/8（Cu84.3P15.7）	Pd40.5Ni10.1Cu31.6P17.8	Pd40Ni10Cu30P20
1/4（Zr76Ni24）+1/2（Zr38Cu62）+1/4（Zr70Al30）	Zr55.5Cu31Ni6Al7.5	Zr55Cu30Ni5Al10
1/2（Zr76Ni24）+1/4（Zr38Cu62）+1/4（Zr70Al30）	Zr65Cu15.5Ni12Al7.5	Zr65Cu17.5Ni10Al7.5

Zr-Ti-Ni-Cu-Al 非晶合金体系是比较经典的非晶合金体系，该体系不含有毒有害元素及贵金属元素，且具有强非晶形成能力、良好的热稳定性、优异的力学性能等特点，因而选择该体系为研究对象，设计开发一种非晶形成能力强，且具有良好综合性能的非晶合金成分，作为后续试验原料。

2.1.2 Zr 基非晶合金成分设计

在 Zr-Ti-Ni-Cu-Al 非晶合金体系中，晶化的主要产物为 Zr-Cu、Zr-Ni、Zr-Al 的金属间化合物[53-55]，如 $CuZr_2$、$Cu_{10}Zr_7$、Zr_2Ni、$ZrAl_2$ 等金属间化合物。根据 Zr-Cu、Zr-Ni、Zr-Al 的二元合金相图（图 2-1~ 图 2-3）分别选熔点较低的“深”共晶点 Zr47.4Cu52.6、Zr64Ni36、Zr70Al30 为成分开发的基本单元进行研究，得到如下 Zr 基非晶合金表达式。

$$C_{am}=\alpha\left[\mathrm{Zr47.4Cu52.6}\right]+\beta\left[\mathrm{Zr64Ni36}\right]+\gamma\left[\mathrm{Zr70Al30}\right] \tag{2-2}$$

式中 C_{am}——合金元素的成分。

α、β、γ——三个二元共晶基本单元所占的比例，应满足 $\alpha+\beta+\gamma=1$。

对比例系数 α、β、γ 进行调整可得到不同非晶形成能力的非晶合金成分。

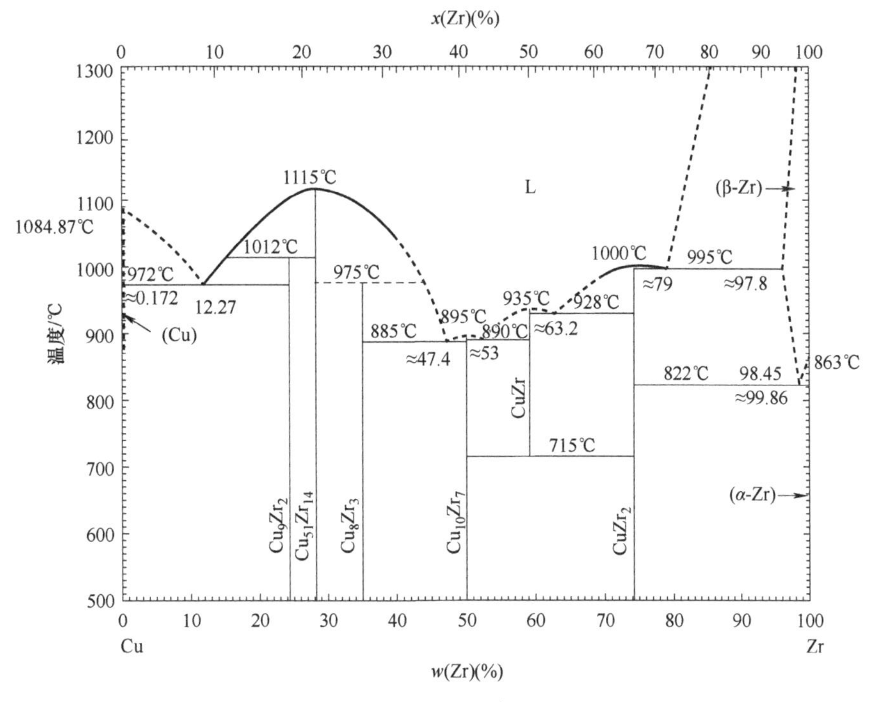

图 2-1　Zr-Cu 二元合金相图

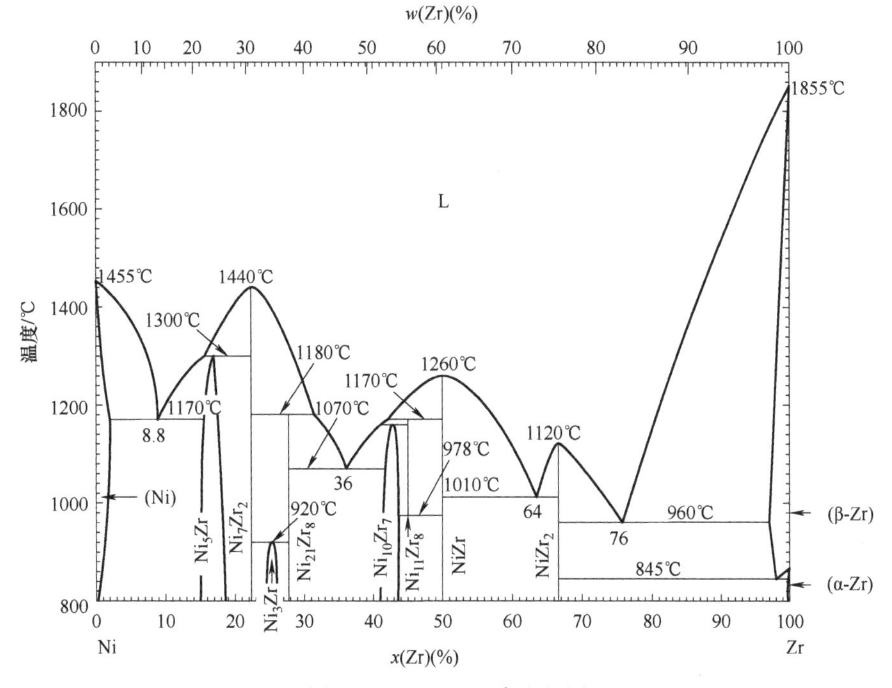

图 2-2　Zr-Ni 二元合金相图

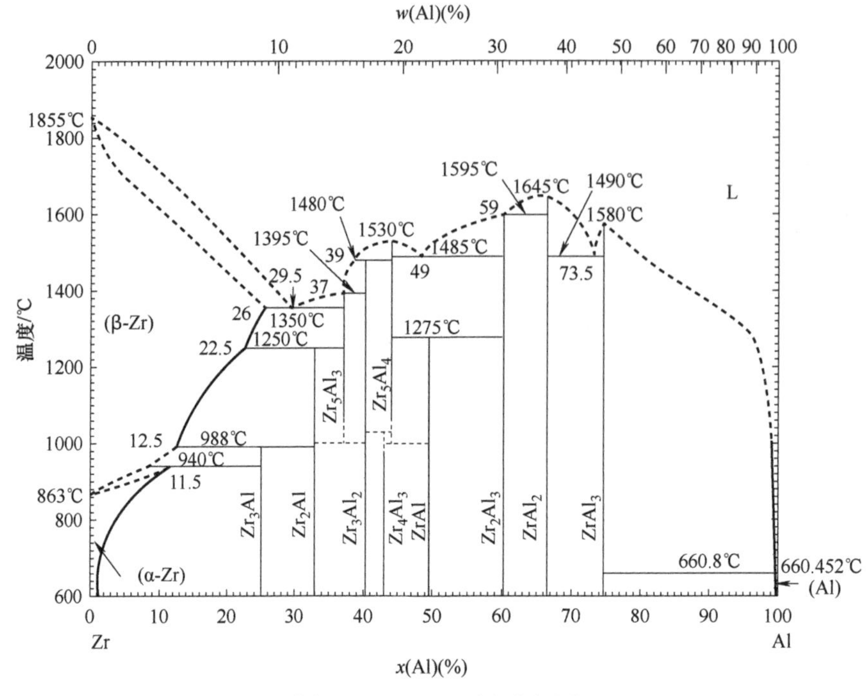

图 2-3　Zr-Al 二元合金相图

非晶合金的非晶形成能力往往还被其他物理学或热力学参数影响。混合焓 ΔH 是影响非晶合金的非晶形成能力的重要热力学参数。表 2-2 给出了 Zr-Cu、Zr-Ni、Zr-Al 的混合焓 ΔH。

表 2-2　Zr-Cu、Zr-Ni、Zr-Al 的混合焓 ΔH

元素	Zr-Cu	Zr-Ni	Zr-Al
混合焓 ΔH/（kJ/mol）	−23	−49	−44

令 Zr-Cu、Zr-Ni、Zr-Al 三种基本单元组合后的混合焓相等，即

$$\alpha\Delta H_{\text{Zr-Cu}}=\beta\Delta H_{\text{Zr-Ni}}=\gamma\Delta H_{\text{Zr-Al}} \tag{2-3}$$

结合 $\alpha+\beta+\gamma=1$ 计算得 $\alpha=0.50$，$\beta=0.24$，$\gamma=0.26$，代入式（2-2）得到新型 Zr 基非晶合金成分：Zr55Cu27Ni10Al8（以下简称 Zr55）。

选用纯度符合表 2-3 的金属元素高纯单质，在真空电弧炉中熔炼。采用铜模吸铸法制备的非晶合金阶梯棒（直径 $\phi 2\sim\phi 7$）如图 2-4 所示，其直径为 7mm 处的 XRD 图谱（图 2-5）为典型的非晶态合金的漫反射峰，没有布拉格衍射峰，说明 Zr55 具有较强的非晶形成能力，临界尺寸大于 7mm。

表 2-3　金属元素单质纯度

元素	Zr	Cu	Ni	Al	Ti
纯度（%，质量分数）	99.9	99.99	99.9	99.99	99.99

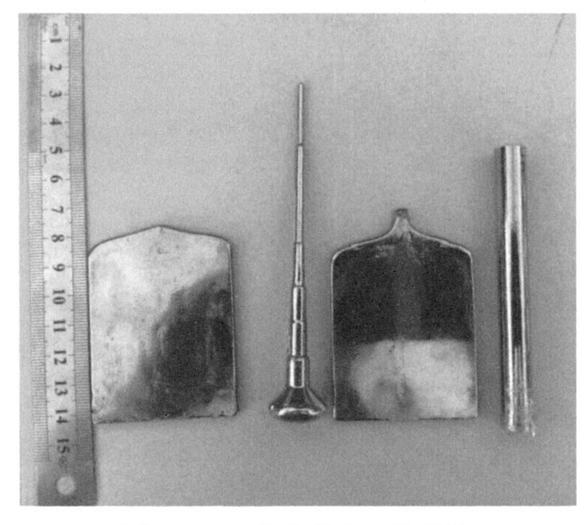

图 2-4　Zr 基非晶合金阶梯棒

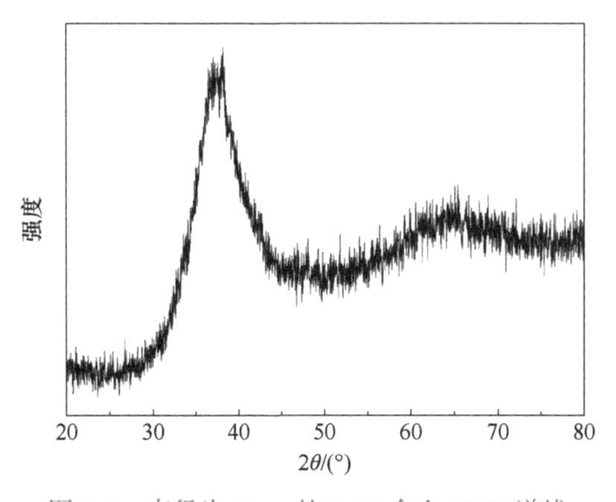

图 2-5　直径为 7mm 的 Zr55 合金 XRD 谱线

Ti 与 Zr 混合焓为 0kJ/mol，在 Zr55 中添加 Ti 代替部分 Zr 进行进一步的成分优化：Zr(55–x)TixCu27Ni10Al8（x=1，3，5，7），采用铜模吸铸法制备不同成分直径分别为 8mm、10mm 和 12mm 的合金棒。对截面进行 XRD 检测，如图 2-6 所示，发现非晶合金 Zr50Ti5Cu27Ni10Al8 临界尺寸为 10mm，具有最强的非晶形成能力。

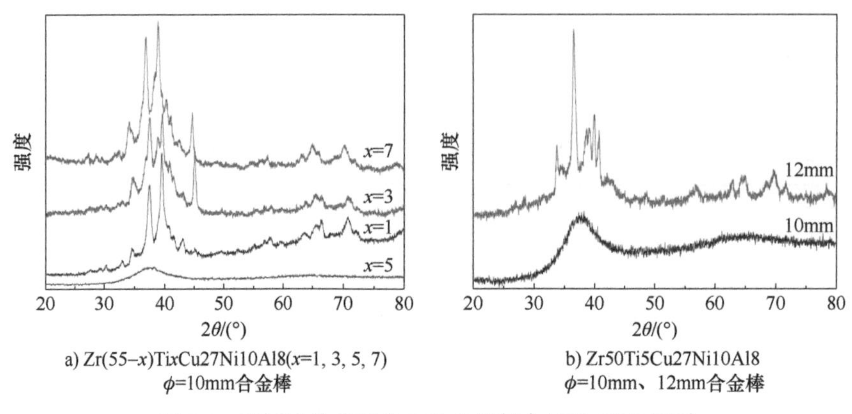

a) Zr(55−x)TixCu27Ni10Al8(x=1, 3, 5, 7) ϕ=10mm合金棒

b) Zr50Ti5Cu27Ni10Al8 ϕ=10mm、12mm合金棒

图 2-6　不同成分非晶合金及非晶复合材料 XRD 图谱

二元共晶比例法是非晶合金成分开发的一种高效的方法，通过此方法开发了具有强非晶形成能力的 Zr 基非晶合金 Zr50Ti5Cu27Ni10Al8（以下简称 Zr50），为后续激光增材制造试验提供了原料的成分，为激光增材制造 Zr 基非晶合金试验的成功奠定了基础。

2.1.3　Zr 基非晶合金粉末制备

采用雾化法制得 Zr50 非晶合金粉末，图 2-7 为 Zr50 非晶合金粉末的 XRD 图谱和 SEM 图像。表 2-4 为 Zr50 非晶合金名义成分和 EDS 检测的实际成分。从 XRD 图谱可看出 Zr50 非晶合金粉末呈现典型漫反射峰，为非晶态；从 SEM 图像可看出合金粉末粒度均匀，大小为 20~50μm，圆整度良好；从表 2-4 可看出合金粉末名义成分与 EDS 检测实际成分相差很小，成分准确。

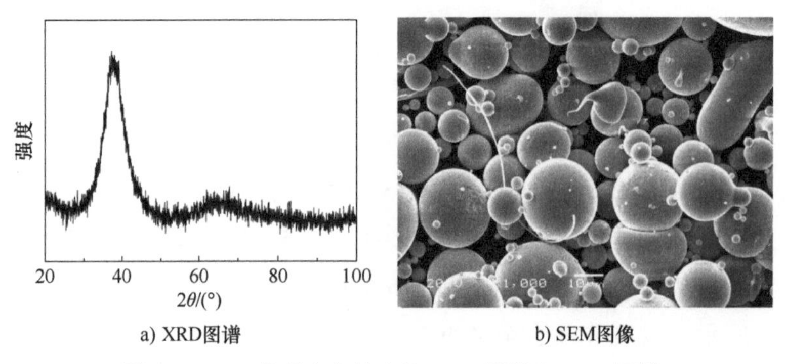

a) XRD图谱　　b) SEM图像

图 2-7　Zr50 非晶合金粉末的 XRD 图谱和 SEM 图像

表 2-4　Zr50 非晶合金粉末名义成分和 EDS 检测实际成分

元素		Zr	Ti	Cu	Ni	Al
名义成分	摩尔分数（%）	50	5	27	10	8
	质量分数（%）	62.32	3.27	23.44	8.02	2.95
实际成分（EDS）	摩尔分数（%）	49.9	5.3	26.0	10.8	8.0
	质量分数（%）	62.28	3.46	22.61	8.68	2.97

利用二元共晶比例法结合 Zr-Cu、Zr-Ni 和 Zr-Al 二元合金相图，设计开发了一种临界尺寸为 10mm 的 Zr 基非晶合金 Zr50，其成分为 Zr50Ti5Cu27Ni10Al8。以此成分制备合金粉末作为激光增材制造非晶合金的原料。

2.2　激光增材制造 Zr 基非晶合金有限元模拟

激光增材制造的热循环过程直接决定了非晶合金的最终组织，而激光功率和扫描速率是影响激光增材制造热循环过程的重要工艺参数。研究结果表明[56-61]：随着激光功率的增加或扫描速率的降低，激光增材制造非晶合金的非晶区域和晶化区域的面积均增加。合理地调节激光功率和扫描速率，可以控制非晶合金晶化区的比例。为了通过激光增材制造的方法获得全非晶或接近全非晶的组织，首先采用有限元模拟的方法分析、优化激光增材制造工艺参数。

同轴送粉式激光增材制造技术过程：基板或已打印的部分表面吸收激光束能量局部熔化而形成熔池，由惰性气体将金属粉末送入熔池，金属粉末吸收熔池热量而熔化，激光束移开后热量向基板传递，熔化部分实现金属粉末与基板或已打印部分的冶金结合并迅速凝固。随着激光束的连续移动而实现金属零件由三维数字模型直接成形。激光增材制造过程能量集中输入，导致其具有快速加热及冷却的特点，打印层内部及其与基板之间存在巨大且变化的温度梯度。这对非晶合金的形成有着强烈的影响。

激光加热速率可以达到 1000K/s 数量级[62，63]，而常用的材料热分析方法如差示扫描量热法（differential scanning calorimetry，DSC）、差热分析法（differential thermal analysis，DTA）等方法的加热速率通常小于 5K/s，不适用于激光增材制造的热分析，因此对激光增材制造热循环过程的研究借助有限元模拟是较为有效的方法。有限元方法（finite element method）是求复杂微分方程近似解的一种非常有效的方法。由于在激光增材制造金属零件时，激光熔池的形成与焊接时的熔池相似，所以激光增材制造过程温度场的计算可以借鉴激光焊接热过程的数值模拟进行研究。

首先利用 SYSWELD 软件对激光增材制造 Zr50 非晶合金过程的温度场进行有限元模拟，计算其晶化临界加热速率和临界冷却速率；结合其他研究人员对 Zr 基非晶合金的等温转变（time temperature transformation，TTT）曲线的研究[64-66]和有限元模拟结果，对激光增材制造过程中非晶合金的晶化情况进行研究，了解激光增材制造工艺参数对非晶合金晶化的影响，找到最佳参数范围。然后引入晶化动力学模型，从动力学角度研究激光增材制造非晶合金的晶化行为。

2.2.1 有限元模拟简介

有限元法是以变分原理为基础发展起来的，所以早期广泛应用于以 Laplace 方程和 Poisson 方程所描述的各类物理场中，其基本思想是将解给定的 Poisson 方程化为求解泛函数的极值问题。1969 年，国外研究人员在流体力学中应用加权余数法中的迦辽金法（Galerkin）或最小二乘法等同样获得了有限元方程，因而有限元法可应用于以任何微分方程描述的各类物理场中，而不再要求这类物理场和泛函数的极值问题有所联系。自此有限元法由起初的解决结构分析问题扩展到工程中的传热、电磁场、流体力学等领域的问题，发展到现在，几乎可以求解所有连续介质和场的问题。

有限元法主要分三步进行：首先将待解区域进行分割，离散成有限个单元的集合，单元的形状原则上是任意的，二维问题一般采用三角形单元或矩形单元，三维空间可采用四面体、六面体或多面体单元，每个单元的顶点称为节点；然后进行分片插值，即将分割单元中任意点的未知函数用该分割单元中函数及离散网格节点上的函数值展开，建立一个线性插值函数；最后求解近似变分方程。

SYSWELD 软件相比其他有限元分析软件的优势在于其开发了热传导、应力、应变和金属冶金的耦合计算，充分考虑了加热、冷却过程中材料的相变潜热等现象[67]。

根据传热学的基本理论，介质之间的热传递有热传导、对流、辐射三种基本形式。已有的研究结果表明：激光作用于基板或已打印部分时，激光热源传递热量的形式以对流和辐射为主，基板或已打印部分内部热量传递形式以热传导为主。

热传导问题的分析包括稳态传热问题和瞬态传热问题。激光增材制造过程具有瞬时性和非线性的特点，因此必须按照瞬态非线性传热分析激光增材制造过程的温度场。

激光增材制造过程的瞬态传热，即在加热过程以及激光热源移开后的冷却过程中，基板或已打印部分内部的温度场、热边界条件以及热流率等参数都是随着时间和温度的变化而变化的。根据能量守恒原理，瞬态传热可表示为

$$\boldsymbol{C}\dot{\boldsymbol{T}}+\boldsymbol{K}\boldsymbol{T}=\boldsymbol{Q} \tag{2-4}$$

式中　$\boldsymbol{K}$——传导矩阵，包含热导率、对流系数、辐照率和形状系数；

$\boldsymbol{C}$——比热容矩阵，考虑系统内能的增加；

$\boldsymbol{T}$——节点温度向量；

$\boldsymbol{Q}$——节点热流率向量，包含热生成；

$\dot{\boldsymbol{T}}$——温度对时间的导数。

以激光增材制造温度场的有限元分析为对象，三维非线性瞬态热传导的控制方程（导热微分方程）为

$$\frac{\partial}{\partial x}\left(k_x\frac{\partial T}{\partial x}\right)+\frac{\partial}{\partial y}\left(k_y\frac{\partial T}{\partial_y}\right)+\frac{\partial}{\partial z}\left(k_z\frac{\partial T}{\partial z}\right)+Q=\rho c\frac{\partial T}{\partial t} \tag{2-5}$$

式中　T——温度；

k_x、k_y、k_z——x、y、z 三个方向的热导率，若材料各向同性，则 k_x=k_y=k_z；

Q——工件内部热源的能量；

c——比热容；

ρ——材料密度。

三维非线性瞬态热传导的控制方程是根据一般的物理定律导出的，是导热现象的最一般形式的数学描述，只表示存在于物体内部的各点间温度的内在联系，不能表示一个具体导热过程内部的温度场。为了确定具体条件下物体内部的温度场，还必须依靠定解条件（或称为单值性条件）。一般来说，定解条件包括初始条件、边界条件、几何条件和物理条件。在求解导热问题时，导热微分方程连同定解条件才能完整地描述一个具体的物体内部的导热过程。

（1）初始条件　初始条件给出整个系统的初始状态，即

$$T|_{t=0}=f(x, y, z) \tag{2-6}$$

当初始条件为稳态温度场时，

$$T|_{t=0}=T_0=C \tag{2-7}$$

式中　C——常数。

（2）边界条件

1）第一类边界条件（也称 Dirichlet 条件）给出物体表面上各点的温度 T_ω，其数学表达式为

$$T_\omega=f(x, y, z, t),\ 0<t<\infty \tag{2-8}$$

当 T_ω 为常数时，边界表面温度也为常数。

2）第二类边界条件（也称 Neumann 条件）给出物体表面上各点的热流密度 q_ω，其数学表达式为

$$q_\omega=f(x, y, z, t),\ 0<t<\infty \tag{2-9}$$

当 q_ω 为常数时，边界表面的热流密度不随时间及位置而变化。

当 $q_\omega=0$ 时，即为绝热边界条件。

3）第三类边界条件（也称 Robin 条件）给定边界表面上各点与周围流体间的对流换热系数 h 及周围介质温度 T_f，其数学表达式为

$$q_\omega=h(T_\omega-T_f) \tag{2-10}$$

或

$$-k\left(\frac{\partial T}{\partial n}\right)_\omega=h(T_\omega-T_f) \tag{2-11}$$

（3）几何条件　几何条件是说明参与过程的物体的几何形状和大小。

（4）物理条件　物理条件是说明系统内部的物理特性，如物性参数热导率 k、比热容 c、密度 ρ 等。

2.2.2　激光增材制造的有限元模拟

以 Zr50 非晶合金粉末为原料，在 3mm 厚相同名义成分非晶合金板上进行激光增材制造单道试验，试验前将非晶合金板用导热硅脂粘在水冷铜板上。试验参数：激光光斑直径为 2mm，激光功率为 200W，扫描速率为 800mm/min，送粉速率为 20g/min。试验在氧含量小于 10×10^{-6} 的氩气氛围中完成，得到样品如图 2-8 所示。

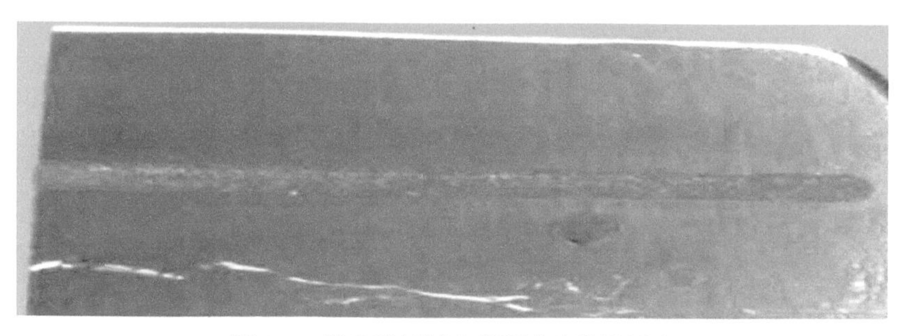

图 2-8　激光增材制造单道试验样品照片

1. 有限元模拟模型及网格

按照非晶合金板及单道合金尺寸建立如图 2-9a 所示的模型，其中黄色部分为激光增材制造单道合金，绿色部分为相同名义成分的非晶合金板，下方红色部分为水冷铜板。黄色和绿色两部分材料设置为试验用 Zr50 非晶合金，其热力学参数见表 2-5；模型下方的材料设置为 Cu，温度始终为室温，来模拟试验中的铜板热量被循环水吸收而温度不上升，其热力学参数：热导率 k=390W/（m · K），比热容 c=386J/（kg · K），密度 ρ=8960kg/m^3。将所建模型划分成如图 2-9b 所示的网格，x 为宽度方向，y 为高度方向，z 为长度方向（激光移动方向）。由于后续数据处理需要，模型中间部分网格较小。

表 2-5　Zr50 非晶合金的热力学参数

温度 /K	热导率 /［W/（m · K）］	比热容 /［J/（kg · K）］	密度 /(kg/m^3)
300	6.6	299.2	7145.5
400	8	303.7	7138.5
500	9.9	312.4	7128.5
600	12	323.9	7119
700	14.7	431.3	7108.5
800	16.1	423.2	7098
900	16.8	430	7087
1000	17.6	417.5	7076
1100	18.4	412.5	7064

a) 有限元模拟模型　　b) 网格

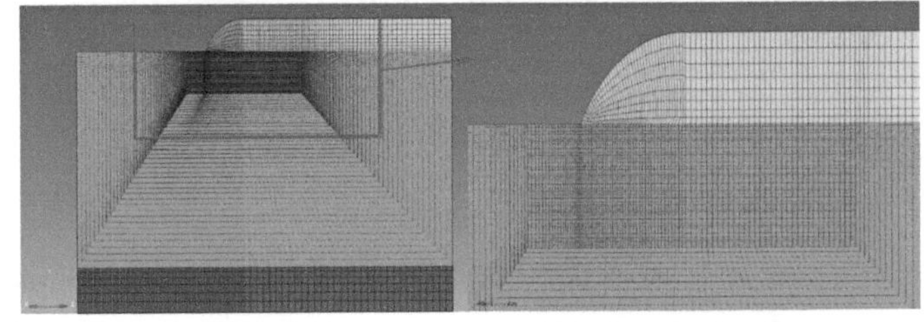

c) 1/4模型网格　　d) 图c)中黑色方框部分放大

图 2-9　非晶合金板和单道合金有限元模型和网格

2. 有限元模拟初始条件和边界条件

（1）初始条件　模拟中设定初始条件为室温 293K。

（2）边界条件

1）激光束作用区域的热边界条件为

$$-k\frac{\partial T}{\partial y}=\eta\frac{q}{\pi r^2} \tag{2-12}$$

式中　η——材料表面对激光的吸收率；

r——激光光斑半径；

k——热导率；

q——激光能量。

2）激光束作用区域外的热边界条件为模型与氩气的自然对流传热。

$$-k\frac{\partial T}{\partial x}=h(T-T_a) \tag{2-13}$$

$$-k\frac{\partial T}{\partial y}=h(T-T_a) \tag{2-14}$$

$$-k\frac{\partial T}{\partial z}=h(T-T_{\mathrm{a}}) \tag{2-15}$$

式中　T_{a}——环境温度，取平均温度为室温 293K，即 T_{a}=293K；

h——氩气的表面传热系数。

3. 有限元模拟热源

激光光斑内能量分布符合正态分布，在有限元模拟中选择高斯热源，在 SYSWELD 软件中选择 2D 高斯热源。2D 高斯热源是平面热源的一种，其能量分布如图 2-10 所示。能量密度表达式为

$$q(r)=q_{\mathrm{m}}\exp\left(-\frac{3r^2}{r_0^2}\right) \tag{2-16}$$

式中　$q(r)$——距激光光斑中心 r 处的热流密度；

q_{m}——最大的热流密度；

r_0——加热半径，其定义为激光能量的 95% 在 r_0 半径范围内。

由于激光的有效功率等于工件表面的总热量，因此有

$$Q=\int q(r)2\pi r\mathrm{d}r=\int q_{\mathrm{m}}\exp\left(-\frac{3r^2}{r_0^2}\right)2\pi r\mathrm{d}r=\frac{\pi r_0^2 q_{\mathrm{m}}}{3} \tag{2-17}$$

代入式（2-16）得：

$$q(r)=\frac{3Q}{\pi r_0^2}\exp\left(-\frac{3r^2}{r_0^2}\right) \tag{2-18}$$

式中　Q——有效热功率，$Q=\eta P$（P 为激光输出功率，η 为基板或已打印部分对激光的吸收率）。

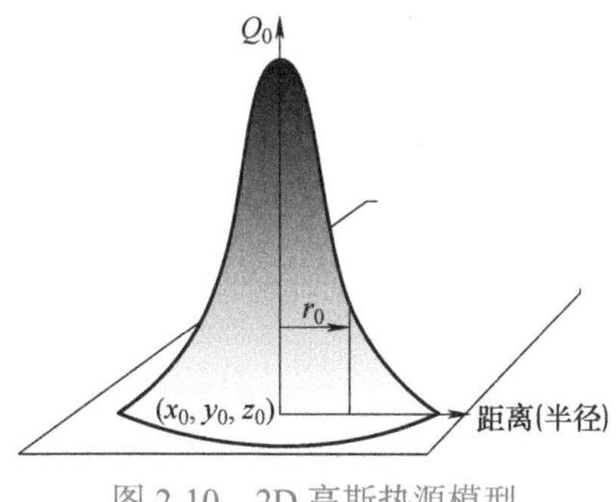

图 2-10　2D 高斯热源模型

4. 模拟结果

图 2-11 所示为垂直于激光移动方向，激光中心截面温度场。其中红色部分为超过液相线温度（T_l=1120K）而熔化的部分，从红色到黄色再到绿色区域温度依次降低。从图中可明显看出上部单道合金全部熔化，基板熔化区域宽度与单道合金宽度相等。这说明激光传递的能量使基板形成熔池的同时，熔池的热量恰好使单道合金粉末全部熔化，这与试验效果相一致。图 2-12 所示为不同时刻激光增材制造温度场，红色区域为熔化区域。从中可看出：大约 0.1s 时材料开始熔化，热量向整个基板传递；1s 时激光加热结束，模型整体开始降温，1s 内吸收的激光能量迅速传递到下部水冷 Cu 板被吸收，又被 Cu 板中的水带走。由于 Cu 的导热性能优异，水的比热容较大，试验中激光传递的热量可很快被传导走，实现大的温度梯度，有利于合金中非晶相的形成。

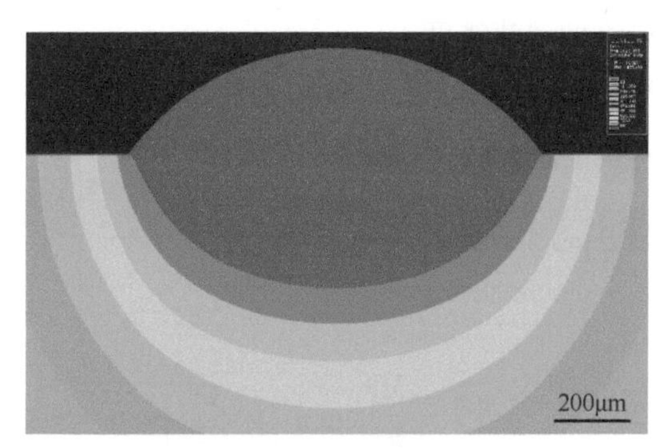

图 2-11 垂直于激光移动方向，激光中心截面温度场

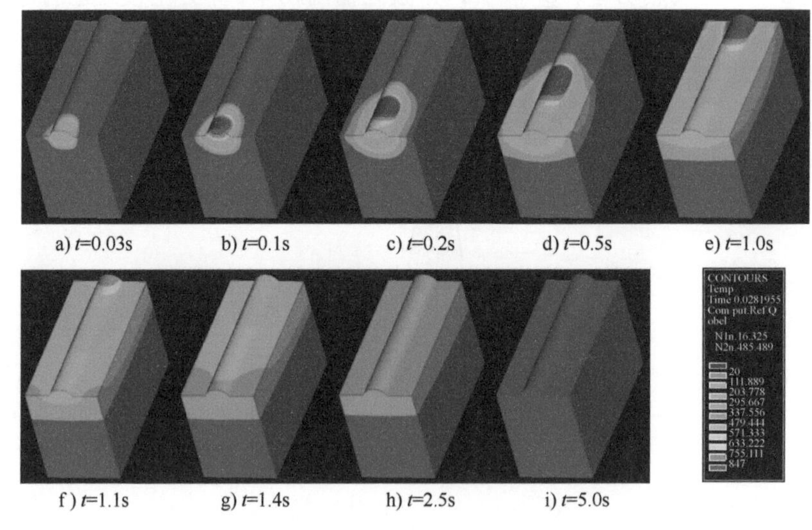

图 2-12 不同时刻激光增材制造温度场

5. 模拟数据后处理

激光增材制造过程中材料经历着复杂的热过程，被迅速加热又迅速冷却。激光辐照中心位置合金和粉末温度超过熔化温度，形成熔池，其他部分只是被加热又冷却的热影响区。非晶合金在经历复杂的热循环过程中也发生着复杂的晶化行为。

1999 年 Schroers J 等人[64]将 Zr41Ti14Cu12Ni10Be23 块状非晶合金（简称 Vit1 非晶合金）样品加热到其过冷液相区进行等温处理，研究了 Vit1 非晶合金加热时的起始晶化时间，发现 Vit1 非晶合金从液态冷却和非晶固体加热时的晶化行为存在着明显的不对称性，如图 2-13 所示。Vit1 非晶合金晶化临界冷却速率 v_{cc} 约为 1K/s，而晶化临界加热速率 v_{hc} 约为 200K/s。计算 Zr50 非晶合金临界加热速率和临界冷却速率对研究激光增材制造非晶合金过程是必要的。

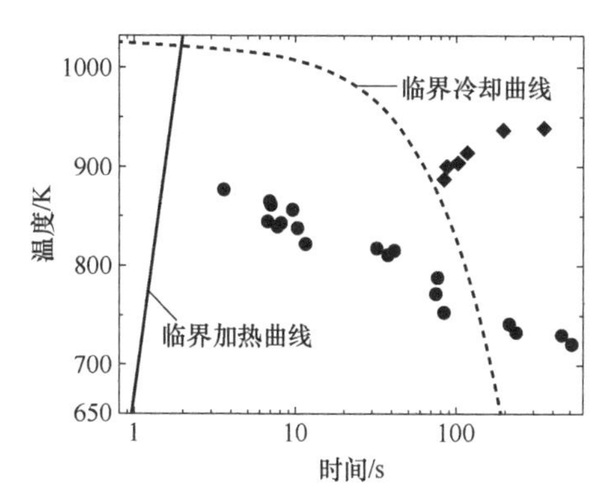

图 2-13　Vit1 非晶合金冷却和加热过程中的非对称晶化行为

◆—不同冷却速率晶化开始数据点　●—不同加热速率晶化开始数据点

（1）非晶合金临界加热速率计算　在遵循形核长大的扩散机理条件下，金属材料在高能束的作用下热影响区内发生固态加热，其相变温度 T 与加热速率 v_h 之间的关系为[68]

$$T=T_x+t=T_x+k\left(\ln\frac{1}{1-\varphi}\right)^{4/3}v_h^{1/3} \tag{2-19}$$

式中　T_x——平衡条件下的晶化开始温度；

t——过热度；

φ——晶化区比例；

k——常数；

v_h——加热速率。

这里定义当晶化区比例 $\varphi=0.1\%$ 时所对应的相变温度为块状非晶合金的晶化开始温度，可以得到

$$T_o=1\times10^{-4}kv_h^{1/3}+T_x \tag{2-20}$$

通过式（2-20）可以得出：在高能束加热的条件下，块状非晶合金的晶化开始温度与加热速率的三次方根呈正比。且加热速率越快，块状非晶合金的晶化开始温度越高。

在激光增材制造非晶合金的过程中，非晶合金局部的加热速率可达到 10^3K/s 数量级，在如此大的加热速率的连续加热条件下，非晶合金的晶化开始温度接近其液相线温度，即满足

$$T_o=1\times10^{-4}kv_h^{1/3}+T_x=T_l \tag{2-21}$$

式中　T_l——非晶合金的液相线温度。

设（v_{h1}，T_{o1}）、（v_{h2}，T_{o2}）分别为通过 DSC 检测得到的加热速率和晶化开始温度，将其代入式（2-20）可以得

$$k=\frac{T_{o1}-T_{o2}}{1\times10^{-4}\left(v_{h1}^{1/3}-v_{h2}^{1/3}\right)} \tag{2-22}$$

$$T_x=T_{o1}-\frac{T_{o1}-T_{o2}}{v_{h1}^{1/3}-v_{h2}^{1/3}}v_{h1}^{1/3} \tag{2-23}$$

将式（2-22）和式（2-23）代入式（2-21）可得

$$T_l=\frac{T_{o1}-T_{o2}}{v_{h1}^{1/3}-v_{h2}^{1/3}}v_h^{1/3}+T_{o1}-\frac{T_{o1}-T_{o2}}{v_{h1}^{1/3}-v_{h2}^{1/3}}v_{h1}^{1/3} \tag{2-24}$$

式（2-24）中的 v_h 即为连续加热条件下非晶合金的晶化临界加热速率 v_{hc}。已有研究人员对此公式在非晶合金中的适用性进行了验证。

对 Zr50 非晶合金进行热分析，加热速率分别为 5K/min 和 50K/min 时的 DSC 曲线如图 2-14 所示，从中可得到 Zr50 非晶合金的液相线温度 T_l=1120K 和加热速率为 5K/min、50K/min 时对应的晶化开始温度，列于表 2-6。将相应数值代入式（2-24）即可计算出 Zr50 非晶合金在激光束加热过程中晶化临界加热速率 v_{hc}=2926K/s。

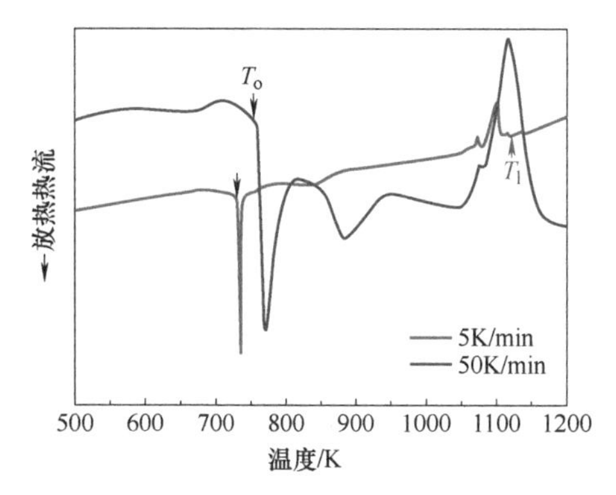

图 2-14　加热速率分别为 5K/min、50K/min 时 Zr50 非晶合金的 DSC 曲线

表 2-6　加热速率分别为 5K/min、50K/min 时 Zr50 非晶合金晶化开始温度 T_x

加热速率 /（K/min）	5	50
晶化开始温度 /K	735	749

（2）Zr50 非晶合金临界冷却速率计算　非晶合金避免晶化的临界冷却速率可以通过 Barandiaran 提出的基于不同冷却速率条件下合金熔体凝固点偏移法计算。

$$\ln v_c = \ln v_{cc} - \frac{b}{(T_l - T_o)^2} \tag{2-25}$$

式中　v_c——冷却速率；

v_{cc}——晶化临界冷却速率；

b——材料常数；

T_l——液相线温度；

T_o——晶化开始温度。

对 Zr50 非晶合金进行不同冷却速率的热分析，冷却速率分别为 10K/min、20K/min、30K/min、40K/min 和 50K/min 的 DSC 曲线如图 2-15 所示，从中可得到 Zr50 非晶合金不同冷却速率对应的晶化开始温度，列于表 2-7。将液相线温度 T_l、冷却速率 v_c 和对应的晶化开始温度 T_o 代入式（2-25），画出 $\ln v_c$ 与 $1/(T_l - T_o)^2$ 的关系曲线，对数据点进行线性回归，如图 2-16 所示，截距则为 $\ln v_{cc}$。通过计算得到 Zr50 非晶合金在冷却过程中的晶化临界冷却速率为 v_{cc}=45K/s。

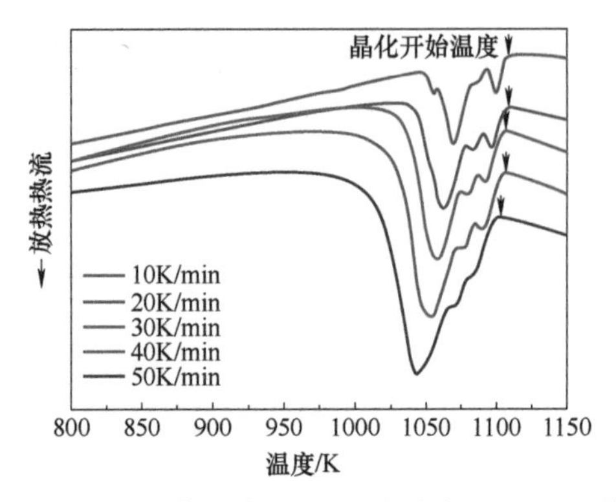

图 2-15　不同冷却速率时 Zr50 非晶合金的 DSC 曲线

表 2-7　不同冷却速率时 Zr50 非晶合金的晶化开始温度

冷却速率 /（K/min）	10	20	30	40	50
晶化开始温度 /K	1115	1113	1110	1108	1105

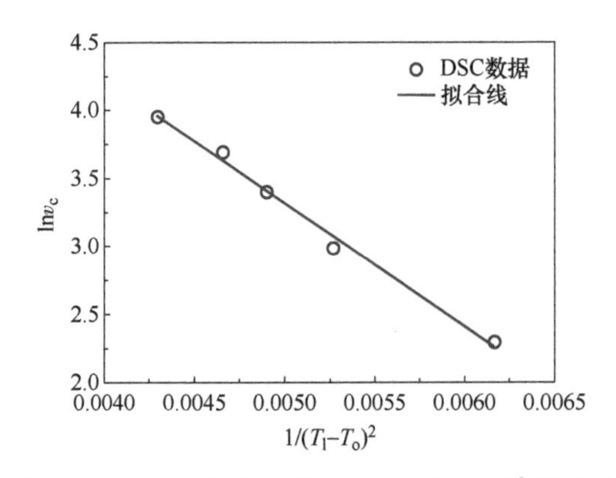

图 2-16　Zr50 非晶合金的 $\ln v_c$ 与 $1/(T_l-T_o)^2$ 的关系

（3）Zr50 非晶合金 TTT 曲线绘制　根据参考文献［64-66］中的连续加热及冷却的 Zr 基非晶合金 TTT 曲线，发现 Zr 基非晶合金冷却 TTT 曲线鼻尖温度都在 870K 左右；孕育时间都在 2s 左右；且在冷却 TTT 曲线鼻尖温度前，加热和冷却两条 TTT 曲线几乎重合，而加热的 TTT 曲线则一直延伸至液相区。结合前期计算得到的 Zr50 非晶合金的晶化临界加热速率 v_{hc}=2926K/s 和临界冷却速率 v_{cc}=45K/s，及 DSC 检测得到的 Zr50 非晶合金的液相线温度 T_l=1120K，则可以得到 Zr50 非晶合金连续加热及冷却的 TTT

曲线，如图 2-17 所示。

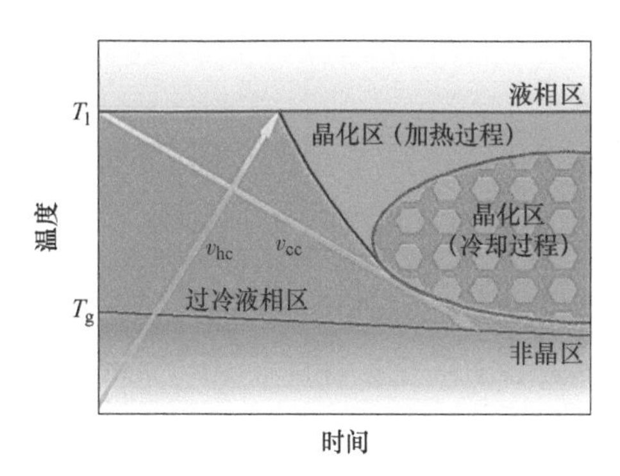

图 2-17 Zr50 非晶合金连续加热及冷却 TTT 曲线

6. 有限元模拟数据的处理

运用 Matlab 软件进行编程，将激光增材制造 Zr50 非晶合金有限元模拟得到的节点热循环曲线与前期计算得到的 Zr50 非晶合金加热及冷却 TTT 曲线进行比对，可得到与 TTT 曲线有交点的热循环曲线对应节点的坐标，最终可以得到晶化区域。

现以图 2-18a 中红色线段上的 50 个节点对应的热循环曲线（图 2-18b）为例说明 Matlab 软件运算过程，如图 2-19 所示。将模型垂直于激光移动方向的一个截面上所有节点的坐标及其对应的热循环曲线与前期计算得到的 Zr50 非晶合金连续加热及冷却的 TTT 曲线输入 Matlab 软件。首先 Matlab 软件按照节点坐标位置顺序逐条提取对应热循环曲线，并识别热循环曲线最高温度，将热循环曲线分为加热和冷却两部分。若热循环曲线最高温度未超过 Zr50 非晶合金的液相线 T_l=1120K，则将热循环曲线加热部分与加热 TTT 曲线比对，如图 2-19a、b 所示；若热循环曲线最高温度超过 T_l，则忽略加热部分，而将冷却部分与 Zr50 非晶合金冷却 TTT 曲线比对，如图 2-19c 所示；热影响区节点的完整热循环曲线与冷却 TTT 曲线比对如图 2-19d 所示。经过以上比对，若有交点则在热循环曲线对应节点的坐标处标注一个红点。经过逐条热循环曲线与 TTT 曲线比对、分析，最终形成图 2-20 右侧区域图像。

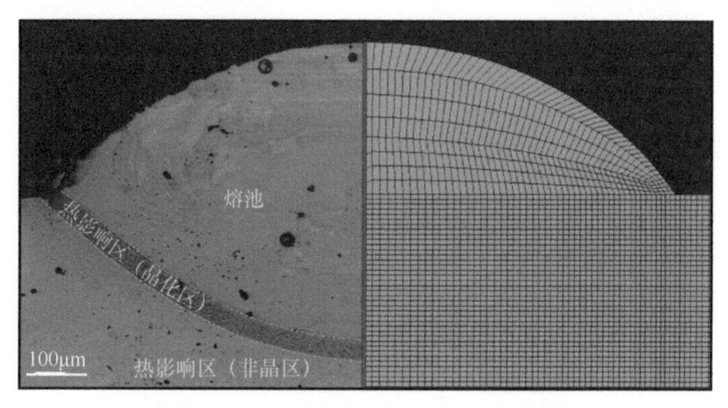

a) 背散射SEM图像与有限元模型对应截面网格

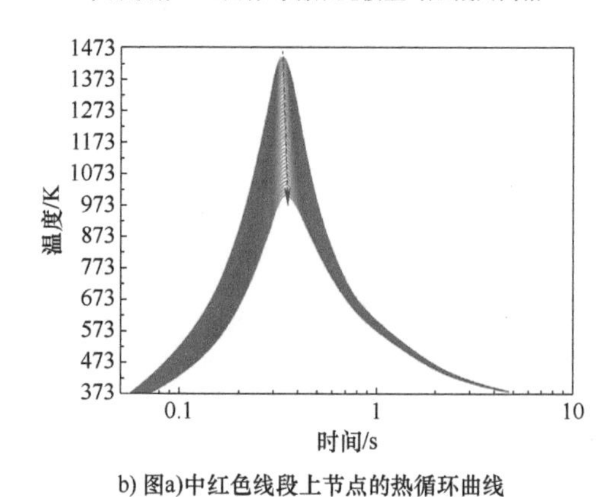

b) 图a)中红色线段上节点的热循环曲线

图 2-18　垂直于激光移动方向截面及节点热循环曲线

从图 2-20 中可明显看出激光增材制造 Zr50 非晶合金有限元模拟数据经 Matlab 软件数据处理结果与试验结果吻合。

重复上述步骤，模拟激光功率分别为 150W、200W、250W 和 300W，扫描速率分别为 600mm/min、800mm/min、1000mm/min 和 1200mm/min 激光增材制造 Zr50 非晶合金，预测不同参数的晶化区域，并对不同工艺参数模拟结果的晶化区比例进行统计。需要说明的是，激光功率为 150W 时单道合金没有全部超过液相线温度，因此没有进行晶化区比例统计。统计结果如图 2-21 所示，其中 φ 为晶化区比例，即晶化区面积与垂直于激光移动方向截面面积的百分比。从图中可明显看出：随激光功率的增加，晶化区比例显著增加；而扫描速率则对晶化区比例影响较小，在 800mm/min 时出现极小值。激光功率为 200W，扫描速率为 800mm/min 时晶化区体积分数最小。

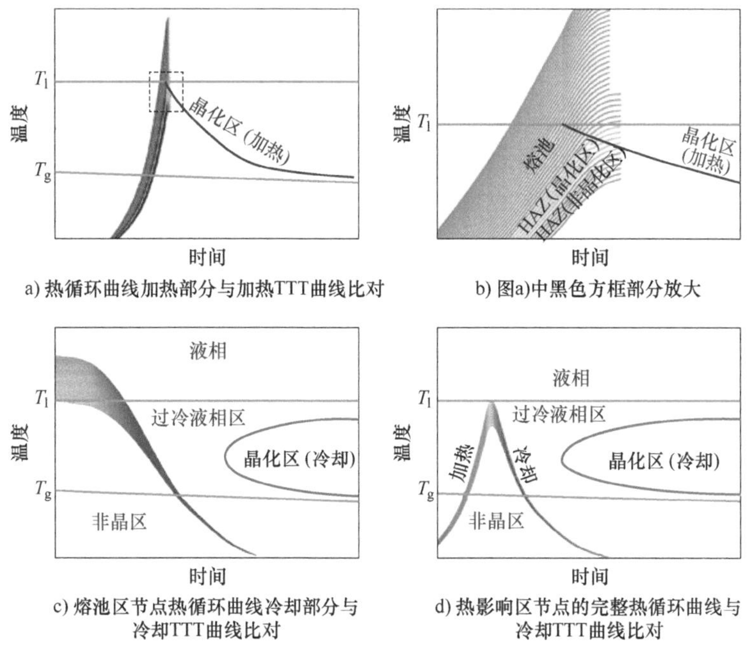

a) 热循环曲线加热部分与加热TTT曲线比对　　b) 图a)中黑色方框部分放大

c) 熔池区节点热循环曲线冷却部分与冷却TTT曲线比对　　d) 热影响区节点的完整热循环曲线与冷却TTT曲线比对

图 2-19　Matlab 数据处理过程

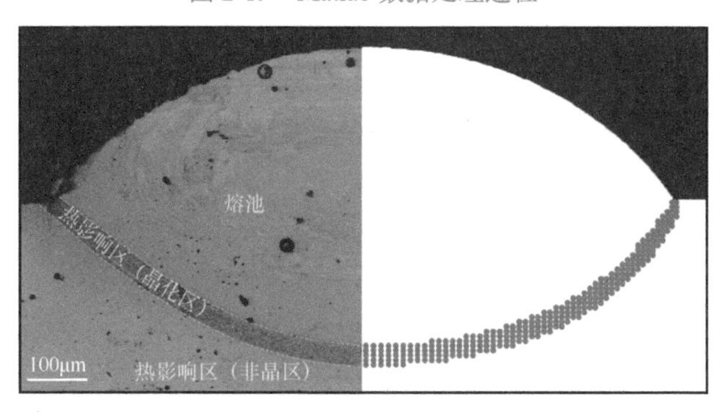

图 2-20　Matlab 数据处理结果与试验结果对比

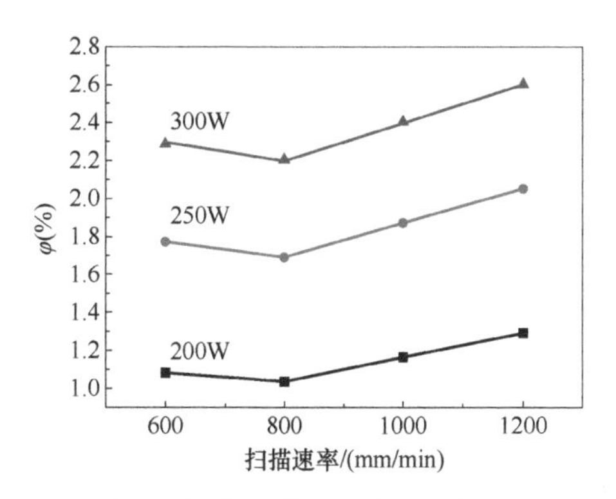

图 2-21　晶化区比例随激光功率和扫描速率的变化

激光增材制造过程中非晶合金的晶化是由热影响区加热曲线与 Zr50 非晶合金的升温 TTT 曲线相交导致的，激光功率的增加会使非晶合金加热速率加快，热循环曲线加热部分斜率变大，相邻节点热循环曲线变紧密，使能够导致热影响区晶化的加热速率范围内的热循环曲线增多，晶化区域面积变大；扫描速率加快虽然能够使非晶合金的加热速率减慢，但单位时间送粉量的减少使熔化沉积的非晶合金体积减小，熔池的热量更多地向热影响区传递，热影响区的加热速率不降反升，导致晶化区域面积变大；扫描速率减慢会导致非晶合金加热速率加快，熔化沉积的非晶合金也会增多，但当扫描速率慢到熔化沉积的非晶合金体积变化不大，吸收熔池的能量不足以使热影响区的加热速率变快时，便会在晶化区域面积随扫描速率变化曲线上出现一个转折，即激光功率不变时扫描速率变化会使晶化区比例出现一个极小值。从上述模拟结果得到：激光功率 200W，扫描速率 800mm/min 时，激光增材制造 Zr50 非晶合金晶化区体积分数最小。

2.2.3 激光增材制造非晶合金的晶化动力学分析

非晶合金在热力学上处于亚稳定状态，在激光增材制造过程中非晶合金被迅速加热和冷却，非晶合金中将产生结构弛豫和晶化现象。为研究这一非晶合金非等温晶化动力学问题，引入 Kempen 等人提出的晶化动力学模型。

$$\varphi=1-\exp(-\beta^n) \tag{2-26}$$

式中 φ——晶化区比例；

β——材料热力学的路径变量；

n——Avrami 指数。

$$\beta=\int k\exp\left[-\frac{E}{RT(t)}\right]\mathrm{d}t \tag{2-27}$$

式中 E——晶化激活能；

k——反应速率常数；

R——气体常数；

T——特征温度。

为求解此方程，须先得到 Zr50 非晶合金的晶化动力学参数：晶化激活能

E、反应速率常数 k、Avrami 指数 n 和温度随时间变化函数 $T(t)$。晶化激活能 E 和反应速率常数 k 可通过 Kissinger 公式来求解，其基本形式为

$$\ln\left(\frac{T^2}{v_h}\right)=\frac{E}{RT}+\ln\left(\frac{E}{Rk}\right) \tag{2-28}$$

式中　T——特征温度；

v_h——连续升温的加热速率；

E——晶化激活能；

R——气体常数，R=8.314J/(mol·K)；

k——反应速率常数。

首先对 Zr50 非晶合金进行热分析。加热速率 v_h 分别为 5K/min、10K/min、20K/min、30K/min、40K/min 和 50K/min 的 DSC 曲线如图 2-22 所示。从图中可得出不同加热速率及其对应的晶化开始温度 T_o，见表 2-8。将加热速率 v_h 与对应的晶化开始温度 T_o 代入式（2-28），对数据点进行线性回归，如图 2-23 所示，则可得到斜率 E/R=45.54913，截距 ln(E/Rk)=−46.50432。气体常数 R=8.314J/(mol·K)，最终得到 Zr50 非晶合金晶化激活能 E=378.7kJ/mol，反应速率常数 $k=7.45\times10^{24}$。

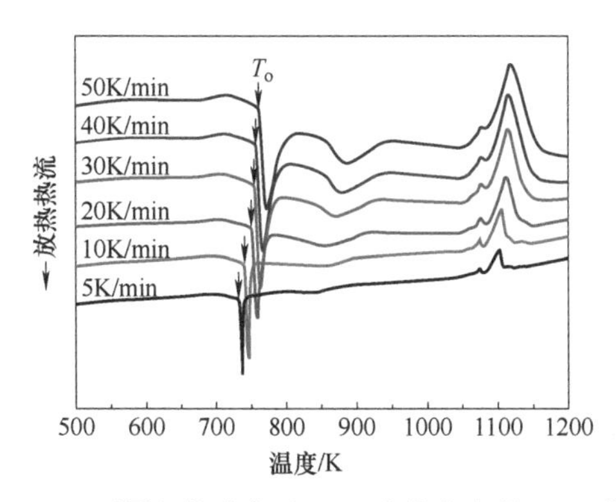

图 2-22　不同加热速率时 Zr50 非晶合金的 DSC 曲线

表 2-8　不同加热速率时 Zr50 非晶合金晶化开始温度

加热速率 /(K/min)	5	10	20	30	40	50
晶化开始温度 /K	732	741	750	753	756	760

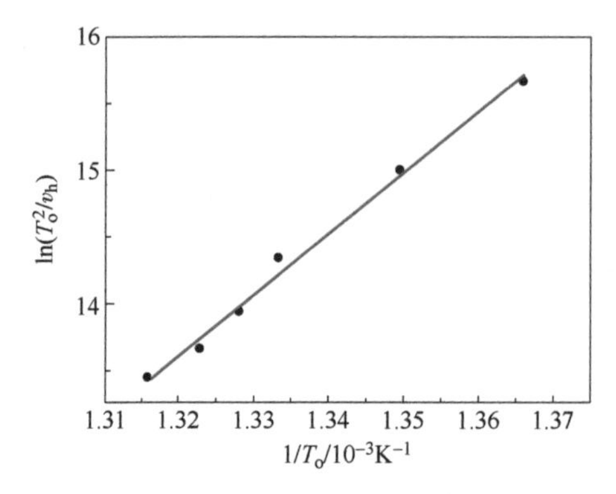

图 2-23　Zr50 非晶合金的 $1/T_o$ 与 $\ln(T_o^2/v_h)$ 的关系曲线

Avrami 指数 n 可通过 JMA 方程求解。1941 年阿夫拉米（Avrami）在约翰逊 - 梅尔（Johnson-Mehl）方程基础上，考虑到形核率与时间相关，长大速率与长大方式相关，推导出了等温晶化动力学的经典方程——JMA 方程，即

$$\varphi=1-\exp(-kt^n) \tag{2-29}$$

式中　φ——晶化区比例；

k——反应速率常数；

n——Avrami 指数；

t——等温时间。

在 Zr50 非晶合金玻璃化温度 T_g 和晶化开始温度 T_o 之间选择温度分别为 733K、728K、723K、718K、713K 和 708K，将 Zr50 非晶合金以 10K/min 的速率加热到指定温度进行等温处理，得到 DSC 曲线的晶化峰如图 2-24 所示。对不同温度等温处理 Zr50 非晶合金 DSC 曲线晶化峰进行积分，得到不同温度的等温晶化区比例 φ 与等温时间 t 的关系曲线，如图 2-25 所示，晶化区比例 φ 与等温时间 t 的关系曲线为典型的 S 形。

$$\varphi=S_i/S \tag{2-30}$$

式中　S_i——从晶化开始到某一时刻 DSC 曲线上放热峰的面积；

S——从晶化开始到晶化结束 DSC 曲线的放热峰总面积。

对 JMA 方程移项并两边取对数得到

$$\ln[-\ln(1-\varphi)]=\ln k+n\ln t \tag{2-31}$$

将 Zr50 非晶合金晶化区比例 φ 和等温时间 t 代入式（2-31）可得到如图 2-26 所示的 $\ln[-\ln(1-\varphi)]$ 与 $\ln t$ 的关系曲线。其近似直线的斜率即为表 2-9 所示的 Avrami 指数 n，对不同温度等温得到的 Avrami 指数取平均值得到 n=2.75。

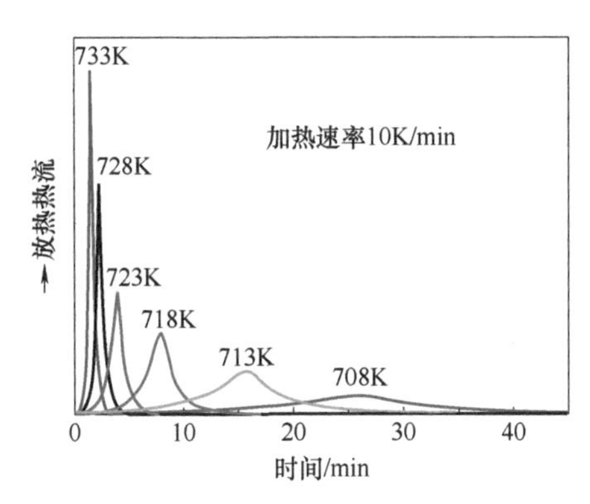

图 2-24　不同等温温度时 Zr50 非晶合金 DSC 曲线晶化峰

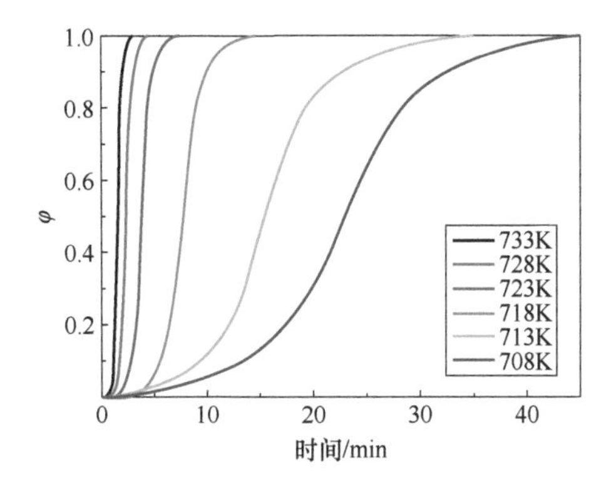

图 2-25　不同等温温度时 Zr50 非晶合金晶化区比例 φ 与等温时间 t 的关系

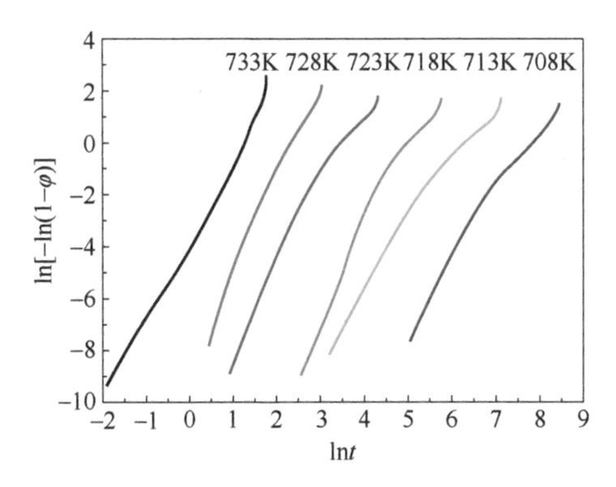

图 2-26　不同等温温度时 Zr50 非晶合金 $\ln[-\ln(1-\varphi)]$ 与 $\ln t$ 的关系

表 2-9　不同等温温度时 Zr50 非晶合金的 Avrami 指数 n

等温温度 /K	733	728	723	718	713	708
Avrami 指数 n	3.1	3.4	2.7	2.9	2.1	2.3

将原有限元模型重新进行网格划分，使模型截面网格均匀，如图 2-27 所示。对其进行激光增材制造有限元模拟，初始条件、边界条件、材料热力学参数及热源等条件均不变，得到如图 2-28 所示的垂直于激光移动方向截面的温度场。取有限元模型基板和单道合金，即绿色部分和黄色部分在垂直于激光移动方向的一个截面，将截面上全部节点的热循环曲线进行平均，得到如图 2-29 所示的平均热循环曲线 $T(t)$。

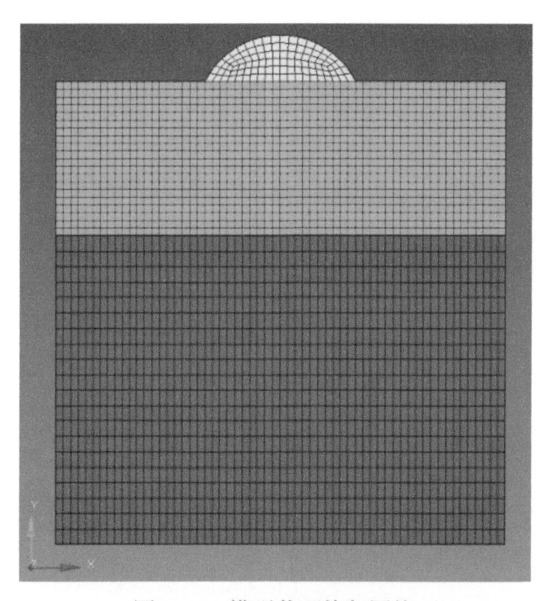

图 2-27　模型截面均匀网格

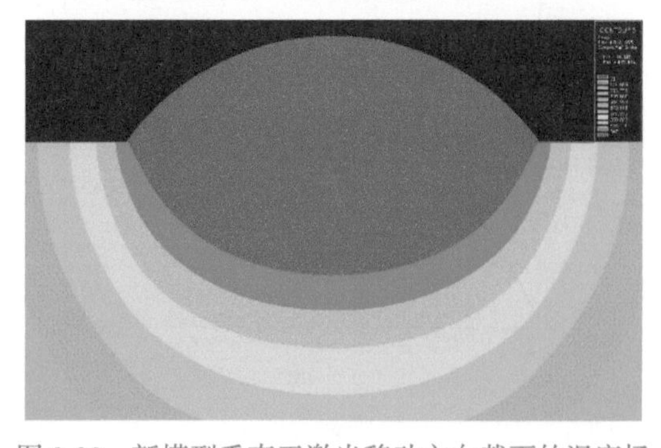

图 2-28　新模型垂直于激光移动方向截面的温度场

将前期计算得到的 Zr50 非晶合金的晶化激活能 E=378.7kJ/mol，反应速率常数 k=7.45 × 10^{24}、Avrami 指数 n=2.75 与有限元模拟得到的垂直于激光移动方向截面平均热循环曲线 T（t）数据代入 Kempen 晶化动力学模型，即式（2-29）和式（2-31），计算得到激光增材制造 Zr50 非晶合金过程中晶化区比例 φ=0.0123。

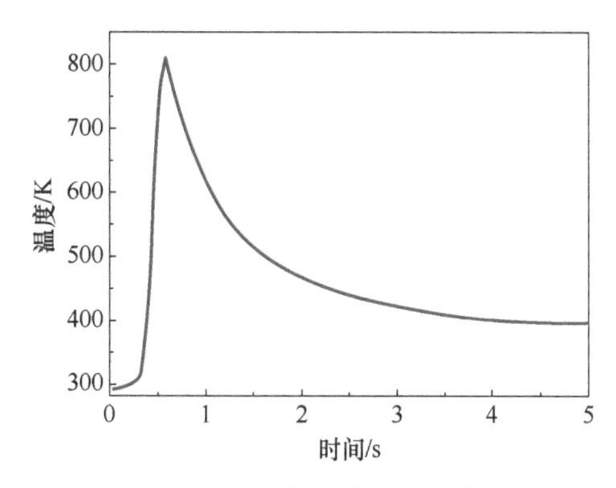

图 2-29　垂直激光移动方向截面平均热循环曲线

通过前期研究可知，激光增材制造非晶合金过程中晶化区集中在距离熔池最近的热影响区内。分析图 2-28 所示的熔池形状可得：熔池边缘曲线弧长 L=2.46mm，基板和单道合金截面面积 S=18.86mm^2。则晶化区宽度 $d=\varphi Sl/（Ll）$=0.0123 × 18.86mm^2/2.46mm=0.0943mm=94.3μm，其中 l 为模型长度。有限元模拟过程中未考虑“生死单元”的问题，使试验与模拟存在差异，熔池边缘曲线的曲率半径并不完全相同，晶化区宽度不完全相等，晶化区内外弧长不等，且在晶化动力学参数计算中存在舍入误差等情况，因此计算值与试验值存在差异。

激光增材制造过程中非晶合金的晶化是由于热影响区吸收了激光的能量，使热影响区发生由非稳态非晶态向稳态晶态的固态相变。激光增材制造过程激光传递的能量与激光功率呈正比，与扫描速率呈反比，它被熔池吸收，并通过热影响区向下传递。减小激光功率和加快扫描速率可以使单位长度激光传递的能量减少，熔池尺寸减小，熔化沉积的非晶合金随之减少。根据前期有限元模拟结果，当激光功率为 200W，扫描速率为 800mm/min 时，晶化区域最小，即传递到热影响区的能量最少，但仍然发生晶化，说明激光增材制造 Zr50 非晶合金过程中热影响区的晶化不可避免。

2.3　激光增材制造 Zr 基非晶合金工艺优化

相比在 Zr50 非晶合金板上进行的激光增材制造单道非晶合金，激光增材制造多层非晶合金情况要复杂得多。激光增材制造过程中激光加热、移动始终在进行，已打印部分在随后的激光增材制造过程中会成为基板的一部分，作为激光能量传递的介质，被反复加热和冷却。在此过程中已经打印的非晶合金中混乱排列的原子结构弛豫持续进行，易导致严重的晶化。

2.3.1 激光增材制造试验基板的选择

基板作为激光增材制造试验样品的载体，要综合考虑多种性能参数进行选择。

（1）要具有较大的对激光的吸收率　同轴送粉式激光增材制造试验开始于基板对激光的吸收而形成的熔池，若基板材料对激光的吸收率太小而无法形成熔池，粉末就无法与基板形成冶金结合，则后续试验无法继续进行。

（2）要具有良好的导热性　基板良好的热导率有利于激光热量的传导而形成大的温度梯度，进而利于非晶合金的形成。

（3）要具有较高的屈服强度　激光增材制造时，基板局部快速加热快速冷却，使基板内产生大的温度梯度，同时也易产生大的热应力，热应力若超过基板屈服强度，则使基板变形，会导致后续试验难以继续进行。

表 2-10 给出了一些材料的性能参数。由于材料对激光的吸收率受激光波长、能量密度、焦距、入射角度和材料状态、温度、表面粗糙度等诸多因素影响，这里不能给出具体数值。纯铜和 7075 铝合金虽然热导率很大，导热性能良好，但对激光的吸收率太小，不易形成熔池；电解镍和 702 锆屈服强度太低，易变形；702 锆和 TC4 的热导率较小，不能快速地传导激光的热量，因而不易形成大的温度梯度，不利于非晶合金的形成。

表 2-10　材料性能参数

材料	热导率 /［W/（m · K）］	熔点 / ℃	屈服强度 / MPa
纯铜	390	1083	200
7075 铝合金	155	475	455
电解镍	88	1453	103
702 锆	18	1852	205
TC4	8	1678	825
45 钢	45	1495	355

综合考虑选择45钢作为激光增材制造Zr50多层非晶合金试验的基板材料。将 45 钢切成如图 2-30 所示的 50mm × 50mm × 7mm 的板，表面用 600 号砂布打磨后用无水乙醇清洗备用。

图 2-30　试验用 45 钢基板

2.3.2　激光增材制造 Zr 基非晶合金工艺参数优化

试验前将基板用导热硅脂粘在水冷铜板上，将基板与水冷铜板间的氩气置换为导热硅脂，将基板与水冷铜板间缝隙的热导率从氩气的 0.0173W/m · K 提高至导热硅脂的 1.96W/m · K，可有效加快 45 钢基板导热，减少试验过程中的热积累。

在 45 钢基板上进行第 1 层的激光增材制造，基板吸收激光辐照能量形成熔池，粉末与激光同步被高压高纯氩气送到熔池中，粉末熔化并与基板冶金结合。选择的工艺参数为激光功率 1500W、扫描速率 500mm/min、搭接率 30%。样品垂直于激光移动方向截面的背散射 SEM 图像如图 2-31a 所示，可见非晶合金与 45 钢基板结合良好，厚度约为 1500μm。非晶合金与基板结合界面处的 EDS 线扫描如图 2-31b 所示，从中可以读出 45 钢中的 Fe 元素向非晶合金中扩散了 90μm 左右。

第 1 层作为激光增材制造非晶合金与基板之间的连接，起着重要的传热等作用。但由于基板与打印层对激光的吸收率不同，因此第 1 层与随后的多层打印工艺参数存在较大差异，且其中存在着基板元素的扩散，故不将第 1 层非晶合金作为主要研究对象。

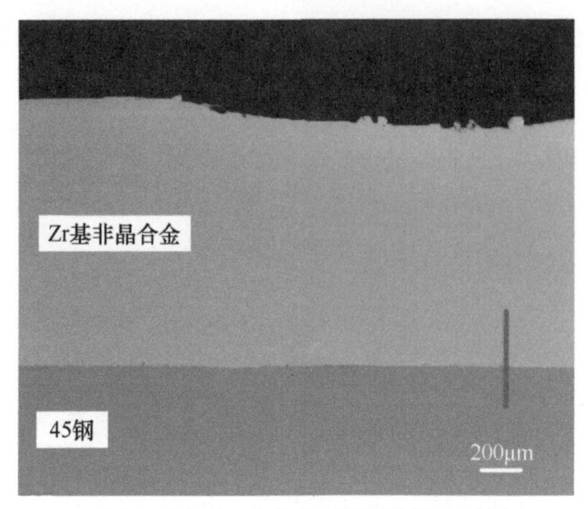

a) 垂直于激光移动方向截面的背散射SEM图像

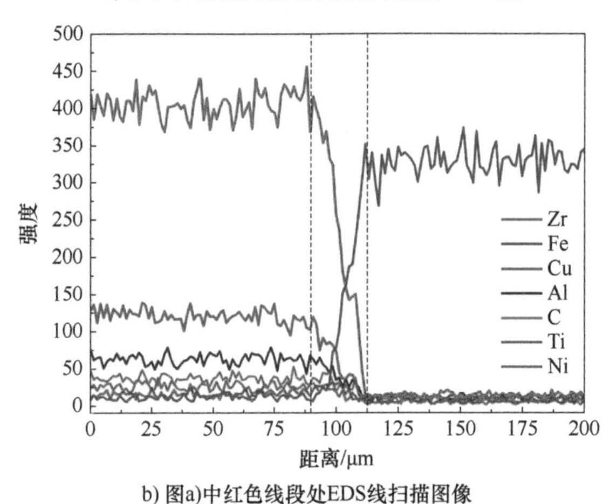

b) 图a)中红色线段处EDS线扫描图像

图 2-31　激光增材制造样品第 1 层的 SEM 和 EDS 图像

根据前期有限元模拟预测结果，在激光功率 200W、扫描速率 800mm/min 附近选择工艺参数进行激光增材制造多层试验，样品如图 2-32 所示。

工艺参数范围：激光光斑直径为 2mm、激光功率为 150~300W、扫描速率为 600~1200mm/min、搭接率 30%、层厚为 0.6mm、送粉速率为 20g/min、打印完一层后激光头上升 0.6mm。为减少激光增材制造过程中的热量持续积累，每完成一道或一层，激光器停止出光 30s，让已经打印部分的热量充分向下传导而降温，使进行每一道打印时已经打印部分及基板的温度都相同。整个试验在氧含量小于 10×10^{-6} 的氩气氛围中进行。其中扫描速率为 800mm/min，激光功率分别为 150W、180W、200W 和 250W 的多层打印样品的截面背散射 SEM 图像如图 2-33 所示。

图 2-32　激光增材制造多层非晶合金样品

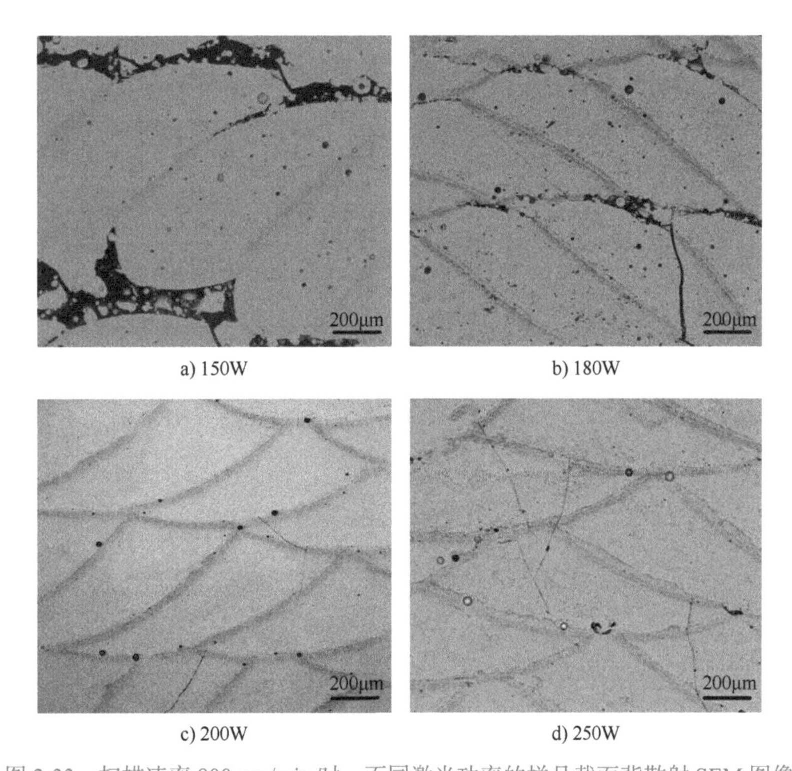

a) 150W　　b) 180W

c) 200W　　d) 250W

图 2-33　扫描速率 800mm/min 时，不同激光功率的样品截面背散射 SEM 图像

从图中可明显看出扫描速率为 800mm/min、激光功率为 150W 时层间几乎没有冶金结合；激光功率为 180W 时层间结合效果仍然不好；激光功率为 200W 时层间结合情况良好，晶化层厚度较小，晶化区比例较小；激光功率为

250W 时层间结合情况良好，晶化层厚度增加，打印层厚度变化较小。由此可见，扫描速率不变时激光功率增加，输入能量增多，打印层厚度变化不大，层间结合情况从没有冶金结合逐渐过渡到结合情况良好；与此同时，热影响区中的晶化层厚度增加，晶化区比例也随之增加。

激光功率为 200W，扫描速率分别为 600mm/min、800mm/min、1000mm/min 和 1200mm/min 的多层打印样品截面的背散射 SEM 图像如图 2-34 所示。从图中可看出，激光功率不变时，随扫描速率的增加，热影响区中的晶化层厚度和打印层厚度减小，层间缺陷增多。

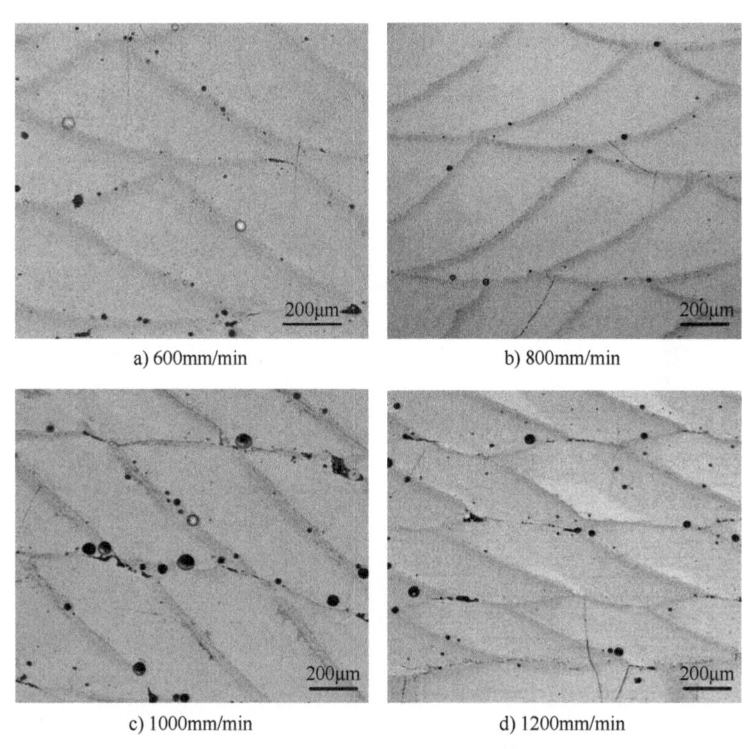

a) 600mm/min　b) 800mm/min

c) 1000mm/min　d) 1200mm/min

图 2-34　激光功率 200W 时，不同扫描速率的样品截面背散射 SEM 图像

对激光功率为 200W、扫描速率为 800mm/min 时激光增材制造的 Zr50 非晶合金垂直激光移动方向截面进行 XRD 检测，与粉末 XRD 图谱对比如图 2-35 所示。明显看到粉末 XRD 图谱具有典型的非晶态合金的漫反射峰，而激光增材制造非晶合金样品截面 XRD 图谱是在漫反射峰上出现少量的布拉格衍射峰，说明非晶态合金粉末经激光增材制造后出现了少量 $CuZr_2$ 和 $Cu_{10}Zr_7$ 晶体相。

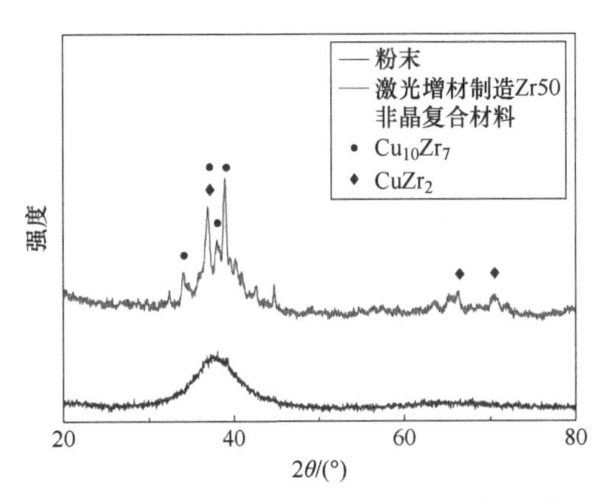

图 2-35　激光功率 200W、扫描速率 800mm/min 样品截面 XRD 图谱

2.3.3　激光增材制造 Zr 基非晶合金的结构梯度

对激光功率为 200W、扫描速率为 800mm/min 的激光增材制造 Zr50 非晶合金样品垂直于激光移动方向截面进行显微硬度测试，选用 Beikovich 金刚石压头。从样品第 2 层开始垂直基板向上，以 1mN/s 的加载速率加载至最大载荷 20mN，保持 5s 后以相同速率卸载。每隔 20μm 测一个点的硬度，直至样品顶部。硬度测试点如图 2-36a 所示。每个点对应的硬度值如图 2-36b 所示。

从图 2-36b 中明显看出，各区域硬度值先升高再下降，四个区域一共循环四次。通过扫描电镜观察，硬度极大值对应的测试点出现在热影响区距熔池最近的区域，即熔合线上每层硬度的最大值随与基板距离的增大而减小。

激光增材制造过程中，熔池区域被重熔易保持非晶态，而热影响区则在激光循环加热过程中持续进行结构弛豫，易晶化，距离熔池越近被加热的温度越高，发生晶化的趋势越明显。非晶合金在加热过程中产生的晶体相起到第二相增强的效果，使合金的硬度升高。

为了进一步说明这一现象，建立了多层激光增材制造有限元模型。图 2-37 为多层激光增材制造有限元模型垂直于激光移动方向截面的网格，自下而上分别模拟水冷铜板（红色部分）、45 钢基板（蓝色部分）、已打印的非晶合金（绿色部分）、正在打印的熔池（黄色部分）。前一层打印完毕，便成为“已打印的非晶合金”的一部分（绿色部分变厚）。

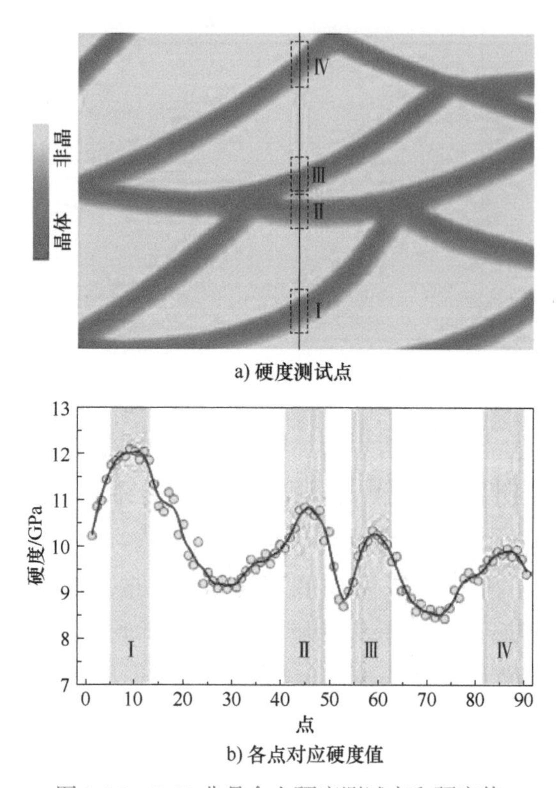

图 2-36　Zr50 非晶合金硬度测试点和硬度值

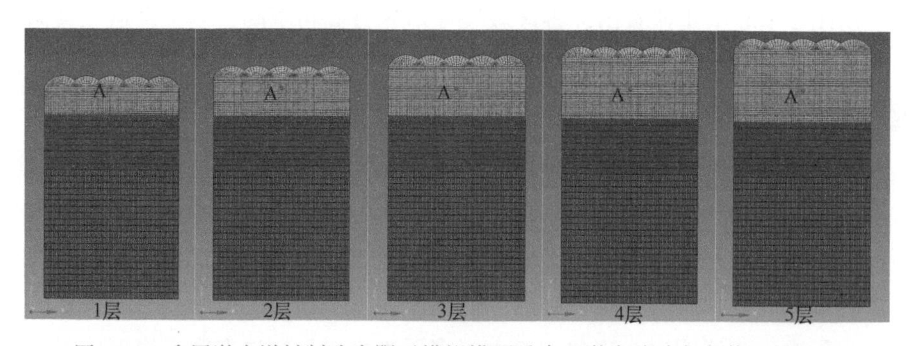

图 2-37　多层激光增材制造有限元模拟模型垂直于激光移动方向截面的网格

图 2-38 所示为图 2-37 中有限元模型同一坐标处节点 A 的热循环曲线，图中 T_l、T_o、T_g 分别为 Zr50 非晶合金液相线温度、晶化开始温度和玻璃化温度。从图中可明显看出：在激光增材制造的全过程节点 A 处，非晶合金经历着多次温度不等的“淬火”过程，虽然每次的加热时间很短，但累积的能量仍

使非晶合金内部原子产生持续不断的结构弛豫而导致晶化。非晶合金样品的不同区域在激光增材制造的全过程中经历着不同的热循环，产生程度不等的晶化。

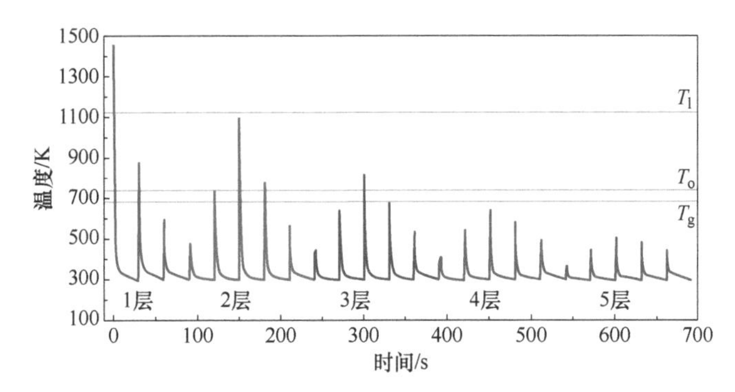

图 2-38　多层激光增材制造有限元模拟节点 A 热循环曲线

对垂直于激光移动方向的截面进行电解抛光，发现非晶合金样品截面呈现周期性的被腐蚀的鱼鳞状深色区域，分别取样品第 2 层和第 5 层的被腐蚀区和未被腐蚀区进行热分析，其加热速率为 10K/min 的 DSC 曲线如图 2-39A、B、C、D 曲线所示。第 5 层未被腐蚀区域为激光所形成的熔池区域，非晶相的放热峰较明显；第 5 层被腐蚀区域为激光所形成的热影响区，晶体相占比较大，非晶相的放热峰较小；第 2 层的被腐蚀与未被腐蚀区域虽然也曾为激光所形成的热影响区与熔池，但经历了多次激光重熔与“淬火”，持续进行的结构弛豫导致晶化在所难免，使未被腐蚀区域的放热峰变小，被腐蚀区域的放热峰几乎消失。

图 2-39 中的 DSC 曲线晶化开始温度都在 710K 左右，均低于铜模铸造 Zr50 非晶合金样品加热速率为 10K/min 的晶化开始温度（741K），这说明从第 2 层和第 5 层取的激光增材制造非晶合金样品本身都有含量不等的晶体相，这些晶体相作为晶化形核中心，会使晶化提前开始，但 B、C、D 曲线的晶化开始温度相差不大，即晶体相的多少对晶化提前的幅度影响不大。

激光增材制造非晶合金过程中，激光的循环加热使样品不同区域经历不同的热过程。持续的结构弛豫使晶体相呈周期性梯度分布。在熔池与热影响区界面处晶化区比例与晶粒尺寸达到极大值，使样品硬度也随之达到极大值，而每层的硬度最大值随打印层距基板距离增大而减小。

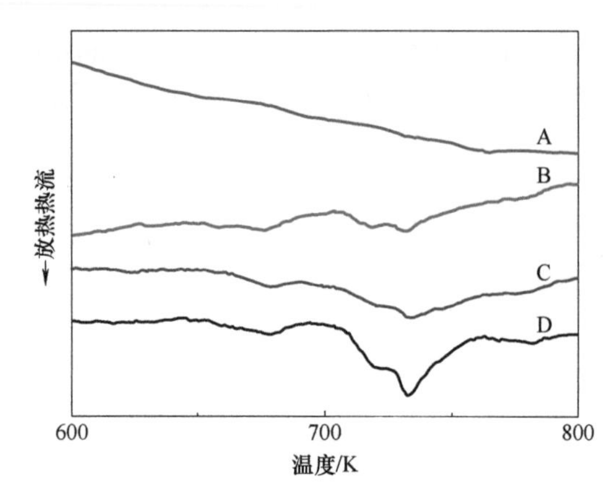

图 2-39　激光功率 200W，扫描速率 800mm/min 样品不同区域 DSC 曲线

A—第 2 层合金被腐蚀区域　B—第 2 层合金未被腐蚀区域

C—第 5 层合金被腐蚀区域　D—第 5 层合金未被腐蚀区域

第3章 激光增材制造Zr基非晶合金复合材料

激光增材制造技术是一种基于离散堆积成形思想的新型成形技术，其工艺过程复杂，涉及激光、合金粉末和基板材料三者相互作用和影响。激光增材制造工艺参数的确定和优化是确保激光增材制造成形质量的关键。激光增材制造技术的工艺参数主要包括材料参数和激光参数：材料参数主要是指粉末材料的成分、粒度、流动性和送粉工艺以及基板材料的种类、物理性能、表面状态以及基板厚度等；激光参数主要是指光斑直径、送粉量、送气量、搭接率、扫描路径、z 轴提升量、激光功率和扫描速率等。激光增材制造技术的成形质量主要从宏观和微观进行评价：宏观上主要考虑成形是否完整，表面是否平整，是否出现明显裂纹；微观上主要考虑其微观组织是否均匀，内部是否出现微裂纹等缺陷。

本章采用内生型复合、梯度结构复合和层状结构复合的方式，研究了内生型 Zr39.6Ti33.9Nb7.6Cu6.4Be12.5（以下简称 Zr39.6）非晶合金复合材料、梯度结构 Zr39.6 非晶合金复合材料和 Zr50Ti5Cu27Ni10Al8（以下简称 Zr50）非晶合金复合材料的激光增材制造，分别优化了激光工艺参数，并对所制样品进行了力学性能检测和微观组织分析。

3.1 激光增材制造内生型 Zr39.6 非晶合金复合材料

基于激光增材制造技术的工艺参数和成形质量之间的密切联系，以内生型 Zr39.6 非晶合金复合材料为研究对象，采用控制变量法逐一确定及优化激光工艺参数，为最终的内生型 Zr 基非晶合金复合材料的制备提供参数依据。

3.1.1 Zr39.6 非晶合金复合材料粉末及其表征

试验采用雾化法制备的非晶合金复合材料粉末，成分为 Zr39.6Ti33.9Nb7.6Cu6.4Be12.5。表 3-1 为 Zr39.6 粉末的名义成分和 EDS 检测的实际成分。从 EDS 检测结果可以看出该粉末的名义成分与 EDS 检测出的实际成分相差很小，成分准确。

表 3-1　Zr39.6 粉末的名义成分和 EDS 检测的实际成分

元素种类	名义成分		实际成分	
	摩尔分数（%）	质量分数（%）	摩尔分数（%）	质量分数（%）
Zr	39.6	55.91	38.98	54.63
Ti	33.9	25.12	33.69	24.77
Nb	7.6	10.93	8.81	12.57
Cu	6.4	6.29	6.52	6.36
Be	12.5	1.74	12.0	1.66

图 3-1 所示为 Zr39.6 非晶合金复合材料粉末的形状和粒度分析。可以看出所制得的粉末大多数为圆润的球形粉末，粒度直径为 30~80μm，粉末的圆整度良好。但是也出现了少量的葫芦状粉末和块状粉末，这两种形状的粉末形成原因是雾化时个别液滴尺寸较大，表面张力较小，球化速率较慢，导致其球化速率小于凝固速率，在球化未完成之前就已经凝固，形成葫芦状不规则粉末；此外在气流的作用下，某些较大的液滴与已经凝固成球形的粉末相互接触，在未发生球化之前就已凝固，形成块状不规则粉末。

图 3-2 所示为 Zr39.6 非晶合金复合材料粉末的 X 射线衍射图谱。从图中可以看出：在 2θ=37° 处出现了表征非晶相存在的漫散射峰，而同时在漫散射峰上叠加着表征晶体相存在的晶化峰。通过 PDF 卡片比对分析，该晶体相为 BCC 结构的 β-Zr（Ti）固溶体相，其主要含有 Zr、Ti、Nb 三种元素。

图 3-3 所示为 Zr39.6 非晶合金复合材料粉末的热分析。从加热速率为 10K/min 的 Zr39.6 粉末 DSC 曲线可以看出该粉末的晶化开始温度（T_0）为 410℃，并且在升温过程中出现了明显的放热峰，进一步验证了粉末内部存在非晶相。

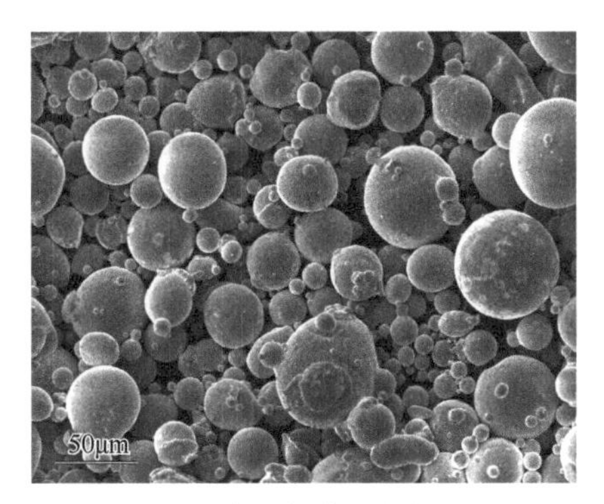

图 3-1　Zr39.6 非晶合金复合材料粉末的形状和粒度

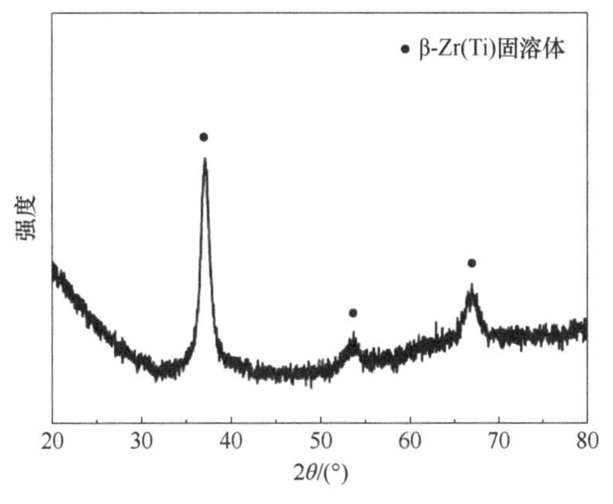

图 3-2　Zr39.6 粉末的 X 射线衍射图谱

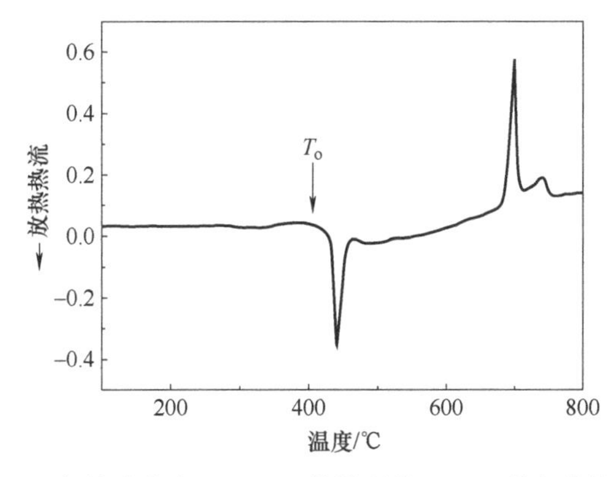

图 3-3　加热速率为 10K/min 条件下的 Zr39.6 粉末的热分析

3.1.2 激光增材制造工艺参数优化

激光增材制造的成形质量受多种激光工艺参数的共同影响，如激光光斑直径、送粉量、送气量、搭接率、扫描路径、z 轴提升量、激光功率和激光扫描速率等。在进行激光增材制造试验之前需要根据设备条件和前期试验确定及优化部分工艺参数。

激光增材制造成形仓内的工作环境为高纯氩气，水含量$\leqslant 0.1\times10^{-6}$，氧含量$\leqslant 10\times10^{-6}$，试验时通高纯氩气作为保护气体，防止样品发生氧化反应。

图 3-4 所示为激光增材制造单层样品的宏观形貌。

图 3-4 激光增材制造单层样品的宏观形貌

1. 光斑直径的确定

激光熔覆区域的单位面积所需要的能量称为能量密度 E_s，又称激光比能，表示为

$$E_s=\frac{P}{Dv} \tag{3-1}$$

式中 P——激光功率；

v——激光扫描速率；

D——激光光斑直径。

由式（3-1）可知，当激光功率和扫描速率一定时，随着激光光斑直径的增加，激光的能量密度 E_s 逐渐减小。能量密度影响着打印层的稀释率，从而影响打印层硬度和表面成形质量，因此在整个激光增材制造过程中需要确定最

佳的光斑直径，确保最佳的成形质量和打印效果。

试验采用的德国 IPG 公司生产的光纤激光器，型号为 YLS-6000，其激光束的光斑直径最大为 3mm。通过对光斑直径的初步试验和前期经验总结，发现在光斑直径为 3mm 时，单道试验得到的样品表面最为平整，内部组织最为均匀，所以最终选取光斑直径为 3mm 的激光束作为试验激光。

2. 搭接率的确定

搭接率 λ 是激光增材制造技术中一个十分重要的参数，它直接影响打印构件表面的宏观平整度及其内部质量。如果搭接率选择不当将直接导致打印构件表面出现明显的宏观倾斜角度，这样会使道与道之间的激光工艺参数不再保持一致，表面平整度和成形精度将很难得到保证。

图 3-5 可以直观反映出搭接率 λ 对构件表面的宏观平整度的影响情况。如图 3-5a 所示，当搭接率 λ 较小时，相邻的两道之间由于搭接的部分面积较小，会出现一条明显的凹陷区域；在进行多层打印试验时有可能会在凹陷区域发生塌陷，影响最终的成形质量。如图 3-5c 所示，当搭接率 λ 较大时，后打印道会在前一打印道上方成形，形成一个较大的坡度；在进行多层打印时，该坡度会随着打印层数的增加而增大，最终获得打印精度和表面平整度都较差的构件，从而影响整体的成形质量。如图 3-5b 所示，只有选择合适的搭接率 λ，两相邻道之间才能达到表面高度相同，保证最终构件表面的宏观平整度及其内部质量。

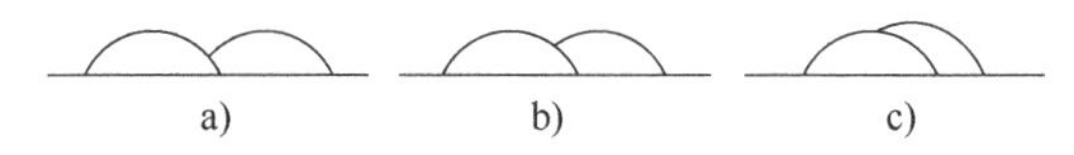

图 3-5　不同搭接率对表面宏观平整度的影响情况

经过试验验证搭接率 λ=30% 时可以保证激光增材制造的成形质量，得到平整的宏观形貌。

3. *z* 轴提升量的确定

对于激光增材制造技术，*z* 轴提升量 Δz 对成形精度起关键作用。理论上来说，*z* 轴提升量 Δz 的数值应该与单层厚度保持一致，这样才能确保连续打印过程中各层的激光工艺参数保持不变。但在实际打印过程中，*z* 轴提升量 Δz 与单层厚度之间存在微小偏差，从而影响打印过程和最后的成形精度。随着打印层数的增加，单层提升量 Δz 会有所改变，需要根据单层厚度的变化调

整单层提升量 Δz。

先根据打印第 1 层的打印层高度 H 确定 z 轴提升量 Δz 为 0.5mm，随着打印层数的增加，根据单层厚度的变化调整提升量 Δz。

4. 扫描路径的确定

激光增材制造的扫描路径与过程中的热应力分布有着很大的联系，中国科学院沈阳自动化研究所的龙日升等人通过“生死”单元法的有限元模拟，得出了采用沿长边平行往复的扫描方式可以降低激光增材制造过程中产生的热应力，对提高成形质量起到了关键的作用。其扫描路径如图 3-6 所示。

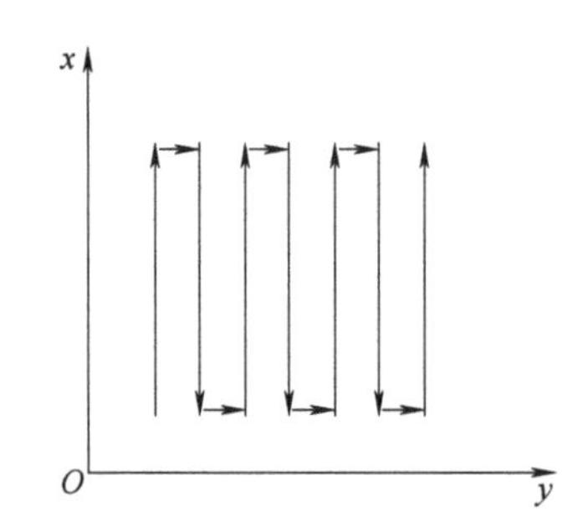

图 3-6　沿长边平行往复的扫描路径

5. 送粉速率的确定

送粉速率对激光增材制造工艺过程至关重要，只有恰到好处的送粉速率才能保证成形的精度和质量。过低的送粉速率会导致较低的沉积效率，从而使打印层厚度较低，影响最终成形精度。过高的送粉速率会导致粉末的浪费和堆积，同时未熔化的粉末很容易附着在打印层表面形成新的断裂源并发展成裂纹等缺陷。通过对送粉器转速与送粉速率的关系研究，发现二者呈线性关系，图 3-7 所示为送粉器转速与送粉速率的函数关系。为了获得较高的打印精度和粉末利用率，选用送粉速率为 10g/min。

6. 基板厚度的确定

由于 Zr 基非晶合金复合材料中含有较多的 Ti 元素，与 TC4 钛合金能形成良好的冶金结合，因此选择 TC4 钛合金板作为基板。选用的激光工艺参数见表 3-2，分别在不同厚度的 TC4 基板表面进行激光增材制造试验。

图 3-8 和图 3-9 所示为在其他激光工艺参数一定时，分别在不同厚度的 TC4 基板上打印得到的样品的宏观形貌和微观组织。

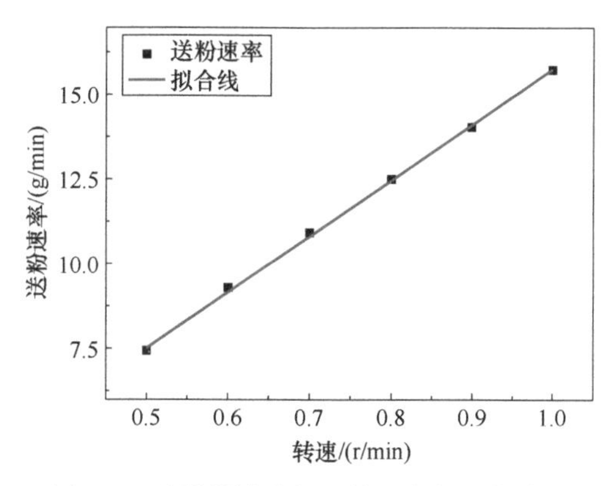

图 3-7　送粉器转速与送粉速率的函数关系

表 3-2　不同厚度的基板打印试验的激光工艺参数

试验编号	光斑直径 D/mm	送粉速率 v_1/(g/min)	搭接率 λ (%)	激光功率 P/W	扫描速率 v/(mm/min)	基板厚度 b/mm
1	3	10	30	800	600	3
2	3	10	30	800	600	5
3	3	10	30	800	600	10

a) 3mm

b) 5mm

c) 10mm

图 3-8　在不同厚度的基板上制备的样品的宏观形貌

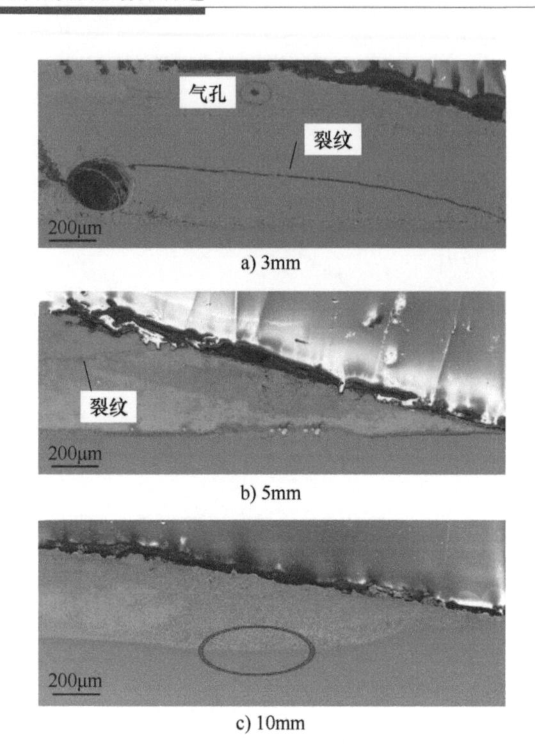

a) 3mm

b) 5mm

c) 10mm

图 3-9 在不同厚度的基板上制备的样品的微观组织

（1）基板厚度为 3mm 时 从图 3-8a 可以看到，基板发生了严重的弯曲，打印层表面出现烧结现象，且基板两侧有烧焦痕迹。这主要是由于基板材料的热胀冷缩的物理特性以及基板表面和底部受热不均匀产生巨大的热应力的共同作用，当产生的热应力超过 TC4 基板的屈服强度时，TC4 基板则会发生弯曲变形。从图 3-9a 可以看到，在打印层的内部出现了严重的裂纹缺陷，且裂纹扩展的范围较大，几乎贯穿打印层底部。同时在打印层内部也出现了一些孔洞缺陷。

（2）基板厚度为 5mm 时 从图 3-8b 可以看到，基板发生了轻微的弯曲变形，打印层表面较为平整，但左侧的打印层出现了烧结现象；从图 3-9b 可以看到，在打印层内部的中上部分出现微裂纹缺陷，虽然裂纹的扩展不太严重，但是对后续的打印效果和成形质量会产生严重的影响，同时基板与打印层的界面处出现了组织不均匀的现象。

（3）基板厚度为 10mm 时 从图 3-8c 可以看到，在打印试验结束后基板还是保持了原有状态，打印层未出现烧结现象，表面均较为平整；从图 3-9c 可以看到打印层内部未出现裂纹缺陷，内部组织均匀，基板与打印层结合良好。这主要是由于 TC4 基板厚度的增加降低了其内部的温度梯度，提高了基板材料的屈服强度，通过水冷铜板的散热使得基板整体升温速率降低，产生的热应力没有超过基板材料的屈服强度，因此 TC4 基板不会在打印过程中发生弯曲变形。

综上所述，采用厚度为 10mm 的 TC4 基板作为试验基板较为合理。

3.1.3　激光增材制造第 1 层 Zr39.6 非晶合金复合材料

第 1 层工艺参数的确定是激光增材制造大尺寸块状 Zr39.6 非晶合金复合材料的基础。只有 Zr39.6 非晶合金复合材料和 TC4 基板形成良好的冶金结合，且获得成形质量良好的第 1 层，才能最终制备出大尺寸块状 Zr39.6 非晶合金复合材料。

1. 第 1 层激光功率的确定

选用不同激光功率，用 Zr39.6 粉末进行单道试验。表 3-3 为单道试验的激光工艺参数，所得对应单道样品宏观形貌如图 3-10 所示。

表 3-3　单道试验的激光工艺参数

试验编号	光斑直径 D/mm	送粉速率 v_1/(g/min)	搭接率 λ (%)	激光功率 P/W	扫描速率 v/(mm/min)	基板厚度 b/mm
1	3	10	30	1000	600	10
2	3	10	30	1200	600	10
3	3	10	30	1400	600	10
4	3	10	30	1600	600	10

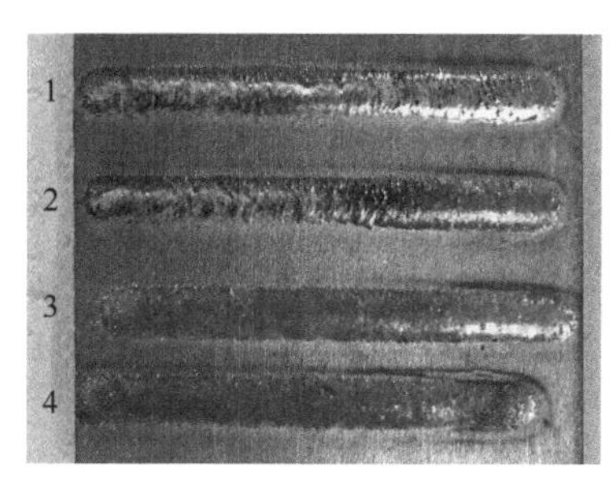

图 3-10　用表 3-3 中工艺参数制备的单道样品宏观形貌

可以看出，当扫描速率保持 600mm/min 不变时，改变激光功率对单道样品宏观形貌的影响较大。当激光功率 P=1000W、1200W 时，单道样品的打印层高度 H 较低，打印层宽度 W 不稳定，表面较不均匀，单道左侧出现明显的凹陷，并附着有未熔化的粉末颗粒以及波浪状纹路；当激光功率 P=1400W 时，样品表面均匀、光滑，无明显附着物，且单道打印层高度 H 和打印层宽度 W 较为稳定；当激光功率 P=1600W 时，样品表面较为均匀且光滑，但是单道样品的打印层高度 H 和打印层宽度 W 都较大，在单道右侧出现轻微的烧结现象。因此可以初步确定激光功率 P=1400W 时单道样品的宏观形貌最为完美。

图 3-11 所示为激光功率 P=1200W、1400W、1600W 时单道样品的微观形貌。从图 3-11a 可以看出，激光功率 P=1200W 条件下，单道样品内部组织分布较不均匀，在样品表面附着有未熔化的粉末颗粒；单道样品内部还出现了大量的孔洞缺陷，特别在与基板结合处。从图 3-11b 可以看出，激光功率 P=1400W 条件下，单道样品内部未出现孔洞缺陷，组织致密且分布均匀，与基板材料形成了较好的结合；样品表面较为光滑，但两侧表面附着少量未熔化的粉末颗粒。从图 3-11c 可以看出，激光功率 P=1600W 条件下，单道样品内部产生了明显的裂纹缺陷，其中有分布在打印层表面的裂纹，有分布在打印层内部的裂纹，也有贯穿整个打印层的裂纹。

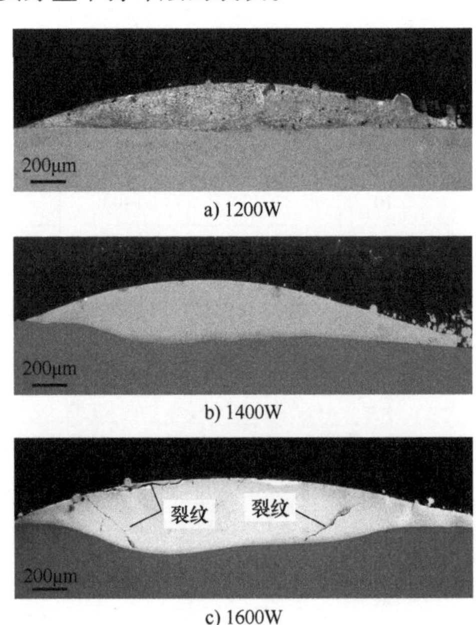

a) 1200W

b) 1400W

c) 1600W

图 3-11　SEM 下观察的不同激光功率条件下制备的单道样品的微观形貌

由此可以看出，当激光功率过低时，能量相对较低，在基板表面形成的熔池较小，粉末颗粒熔化不均匀，与基板结合不佳；当激光功率较高时，能量相对较高，在基板表面形成的熔池较大，粉末颗粒熔化相对均匀，与基板结合良好；但是过高的能量容易导致热应力的产生和积累，在冷却过程中由于应力释放导致裂纹缺陷的产生。

综上所述，激光增材制造第 1 层 Zr39.6 非晶合金复合材料时，应选用激光功率 P=1400W。

2. 第 1 层扫描速率的确定

选用不同扫描速率，用 Zr39.6 粉末进行激光增材制造单道试验。表 3-4 为单道试验的激光工艺参数，所得对应单道样品宏观形貌如图 3-12 所示。

表 3-4 单道试验的激光工艺参数

试验编号	光斑直径 D/mm	送粉速率 v_1/（g/min）	搭接率 λ（%）	激光功率 P/W	扫描速率 v/（mm/min）	基板厚度 b/mm
1	3	10	30	1400	360	10
2	3	10	30	1400	480	10
3	3	10	30	1400	600	10
4	3	10	30	1400	720	10

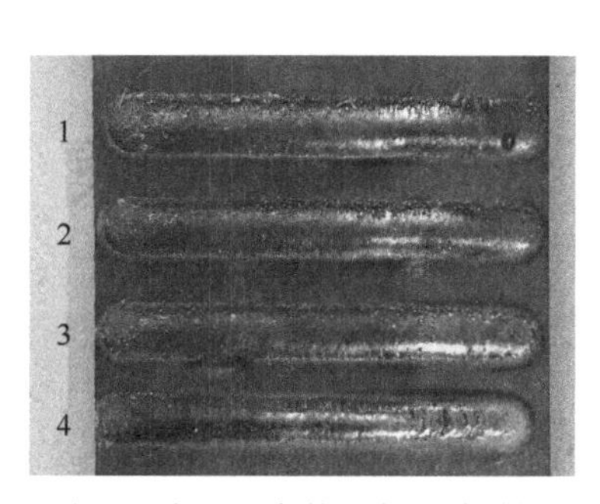

图 3-12 用表 3-4 中工艺参数制备的单道样品宏观形貌

可以看出，当其他参数不变，改变扫描速率相比于改变激光功率对单道样品宏观形貌的影响较小。当扫描速率 v=360mm/min 时，单道样品的打印层高度 H 较高，打印层宽度 W 较为稳定，样品表面较为均匀，单道右侧出现明显的烧结现象，并附着有未熔化的粉末颗粒团簇。当扫描速率 v=480mm/min 时，单道样品的打印层高度 H 和打印层宽度 W 较为稳定且合适，样品表面较为均匀、光滑且无明显的附着物，只是在单道右侧出现了轻微的烧结现象。当扫描速率 v=600mm/min 时，单道样品的打印层高度 H 和打印层宽度 W 相对稳定，样品表面较为均匀且光滑，无明显附着物；在打印过程中没有发生烧结现象，宏观形貌相对完美。当扫描速率 v=720mm/min 时，单道样品的打印层高度 H 和打印层宽度 W 较为稳定，样品表面较不均匀，单道右侧出现打印层短缺以及波浪状纹路。因此可以初步确定扫描速率 v=600mm/min 时单道样品的宏观形貌最为完美。

图 3-13 所示为扫描速率 v=360mm/min、480mm/min、600mm/min、720mm/min 时单道样品的微观形貌。

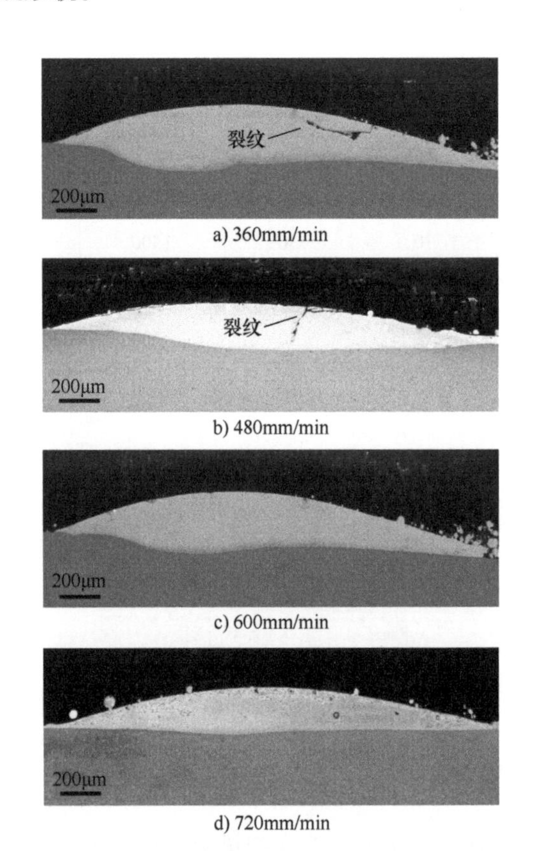

a) 360mm/min

b) 480mm/min

c) 600mm/min

d) 720mm/min

图 3-13　不同扫描速率条件下制备的单道样品的微观形貌

从图 3-13a 和 b 可以看出，扫描速率 v=360mm/min、480mm/min 条件下，单道样品内部组织致密且分布均匀，与基板材料形成了较好的结合，但样品内部都产生了明显的裂纹缺陷，裂纹分别存在于打印层表面和贯穿整个打印层。从图 3-13c 可以看出，扫描速率 v=600mm/min 条件下，单道样品内部组织致密且分布均匀，与基板材料形成了较好的结合，且样品内部未出现孔洞及裂纹等缺陷，成形质量和打印效果最为理想。从图 3-13d 可以看出，扫描速率 v=720mm/min 条件下，仅在单道样品表层出现了少量的孔洞缺陷，内部组织分布较为均匀，与基板材料形成了较好的结合。

由此可以看出，当扫描速率较低时，由于单位长度上激光能量密度较高，在基板表面形成较大的熔池，粉末颗粒熔化相对均匀，与基板形成良好的结合；而过高的能量密度导致热应力的产生和积累，在冷却过程中由于应力释放容易导致裂纹缺陷的产生；当扫描速率过高时，单位长度上激光能量密度较低，在基板表面形成的熔池较小，粉末颗粒熔化不均匀，容易引发孔洞缺陷。

综上所述，激光增材制造第 1 层 Zr39.6 非晶合金复合材料时，应选用扫描速率 v=600mm/min。

3. 第 1 层 Zr39.6 非晶合金复合材料样品分析

根据上节单道试验结果确定的激光工艺参数见表 3-5。将其作为第 1 层试验的激光工艺参数，用 Zr39.6 粉末进行第 1 层 Zr 基非晶合金复合材料的激光增材制造。

表 3-5　第 1 层打印试验的激光工艺参数

试验名称	送粉速率 v_1/（g/min）	光斑直径 D/mm	搭接率 λ（%）	激光功率 P/W	扫描速率 v/（mm/min）	基板厚度 b/mm
第 1 层试验	10	3	30	1400	600	10

图 3-14 所示为第 1 层试验所得样品的宏观形貌。可以看出，样品表面成形质量较好，不仅打印层较为致密，而且打印高度平整稳定，表面光滑，无明显的裂纹和气孔等缺陷产生，在打印过程中没有发生烧结现象。

图 3-15 所示为第 1 层打印样品的 X 射线衍射图谱。从图中可以看出，在 2θ=37° 处也出现了表征非晶相存在的漫散射峰，而在漫散射峰上叠加着比 Zr39.6 粉末更为明显的晶化峰。通过 PDF 卡片比对分析，该晶体相为 BCC 结构的 β-Zr（Ti）固溶体相，即主要含有 Zr、Ti、Nb 三种元素的固溶体。这是由于在激光增材制造 Zr 基非晶合金复合材料的过程中，激光束的高能量密度产生的热循环使得处于亚稳态的非晶相向稳态的晶体相转变，使得 Zr 基非晶

合金复合材料的非晶含量减少，晶体含量增加，导致晶化峰更加尖锐。

图 3-14　第 1 层打印样品的宏观形貌

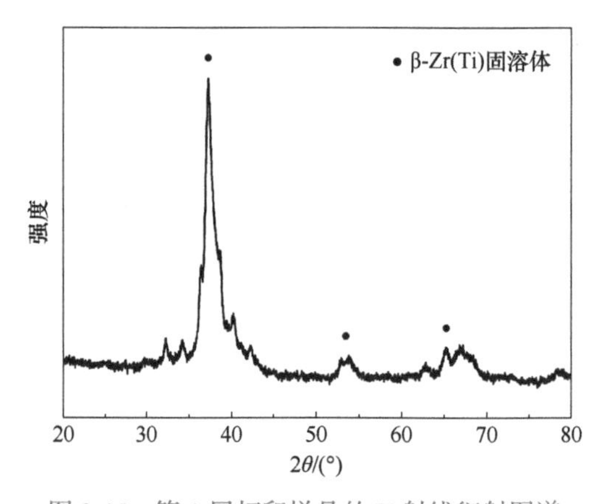

图 3-15　第 1 层打印样品的 X 射线衍射图谱

图 3-16 所示为在 SEM 下观察的第 1 层打印样品的垂直于激光移动方向的截面。可以看出：打印层与 TC4 基板形成了良好的冶金结合，单层样品内部致密且组织分布均匀，样品内部未出现孔洞及裂纹等缺陷；从图 3-17 所示的 EDS 扫描分析结果可以看出：在 TC4 基板与打印层之间发生了 Ti 元素与 Zr 元素的相互扩散，证明了打印层与 TC4 基板形成了良好的冶金结合。

第 1 层作为 Zr 基非晶合金复合材料与 TC4 基板之间的连接，起着十分重要的传热等作用，所以第 1 层与 TC4 基板的结合好坏直接影响接下来的打印质量。由于打印层与 TC4 基板对激光能量的吸收率不同，导致第 1 层的激光工艺参数不同于接下来的多层打印激光工艺参数，故在此后的第 2 层打印试验和多层打印试验中，第 1 层的工艺参数保持不变，均选择激光功率 P=1400W，扫描速率 v=600mm/min。

图 3-16　SEM 下观察的第 1 层打印样品的垂直于激光移动方向的截面

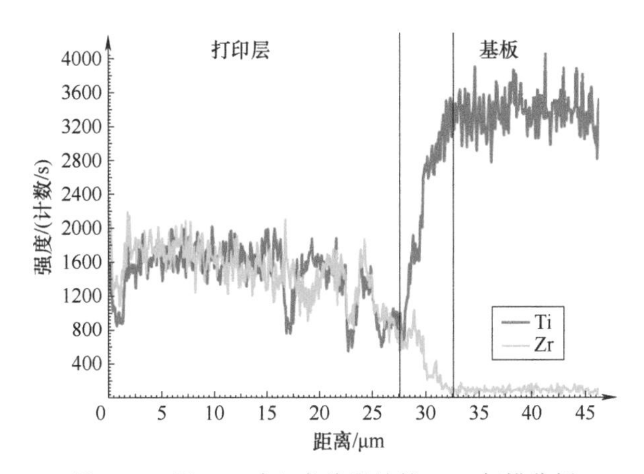

图 3-17　图 3-16 中红色线段处的 EDS 扫描分析

3.1.4　激光增材制造第 2 层 Zr39.6 非晶合金复合材料

由于第 1 层主要考虑 Zr39.6 非晶合金复合材料和 TC4 基板的结合，第 2 层及后续打印层主要考虑 Zr39.6 非晶合金复合材料之间的结合，因此第 2 层及后续打印层的激光工艺参数和第 1 层激光工艺参数有所不同，需要分别进行探究和分析。

1. 第 2 层激光功率的确定

选用不同的激光功率，用 Zr39.6 粉末进行第 2 层的激光增材制造。第 1 层仍采用表 3-5 的参数，表 3-6 为第 2 层试验的激光工艺参数，对应的双层样品宏观形貌如图 3-18 所示。

表 3-6　第 2 层试验的激光工艺参数

试验编号	光斑直径 D/mm	送粉速率 v_1/（g/min）	搭接率 λ（%）	激光功率 P/W	扫描速率 v/（mm/min）	基板厚度 b/mm
1	3	10	30	600	600	10
2	3	10	30	800	600	10
3	3	10	30	1000	600	10
4	3	10	30	1200	600	10

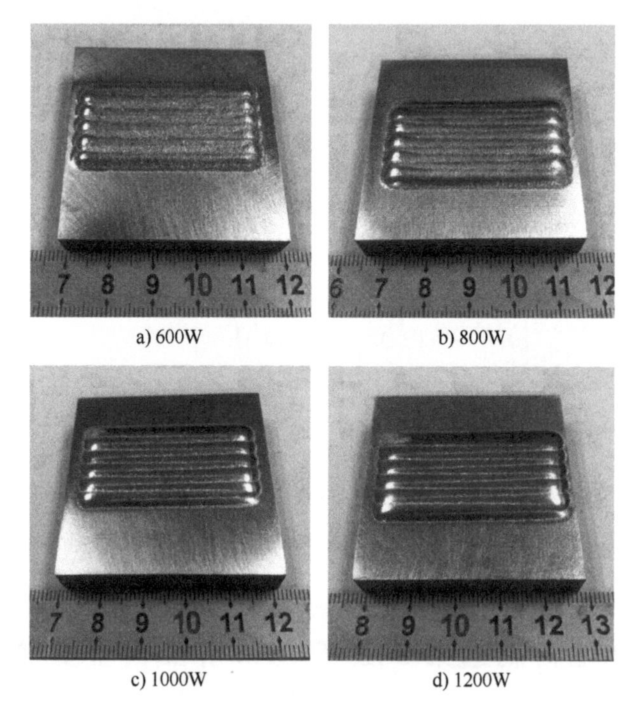

a) 600W　b) 800W　c) 1000W　d) 1200W

图 3-18　不同激光功率条件下制备的双层样品宏观形貌

从不同激光功率制备的双层样品宏观形貌可以看出，当扫描速率保持 v=600mm/min 不变时，改变激光功率的大小对双层样品宏观形貌的影响较大。

1）当激光功率 P=600W 时，双层样品的打印层厚度较小，层间单道分界不明显。虽没有产生明显的裂纹和气孔缺陷，但样品表面附着较多未熔化的粉末颗粒，表面平整度较差，成形质量和打印效果较差。

2）当激光功率 P=800W 时，双层样品的打印层厚度有所增加，层间单道分界明显，样品表面附着的未熔化的粉末颗粒明显减少，表面无明显的裂纹和气孔缺陷，成形质量和打印效果得到提高；但样品表面中间处存在凹陷现象，在多层打印过程中容易出现中间凹两侧凸的现象。

3）当激光功率 P=1000W 时，双层样品的单层厚度为 0.5mm，与 z 轴提升量 Δz 相互吻合，层间单道分界明显，表面光滑且光泽度良好，表面平整度也较好，成形质量和打印效果最为理想。

4）当激光功率 P=1200W 时，双层样品的单层厚度较大，层间单道分界明显，表面光滑且光泽度良好；但在样品表面两侧处存在凹陷现象，在多层打印过程中容易出现中间凸两侧凹的现象，从而影响多层打印的成形质量和打印效果。

图 3-19 所示为激光功率 P=600W、800W、1000W、1200W 条件下制备的双层样品的微观形貌。

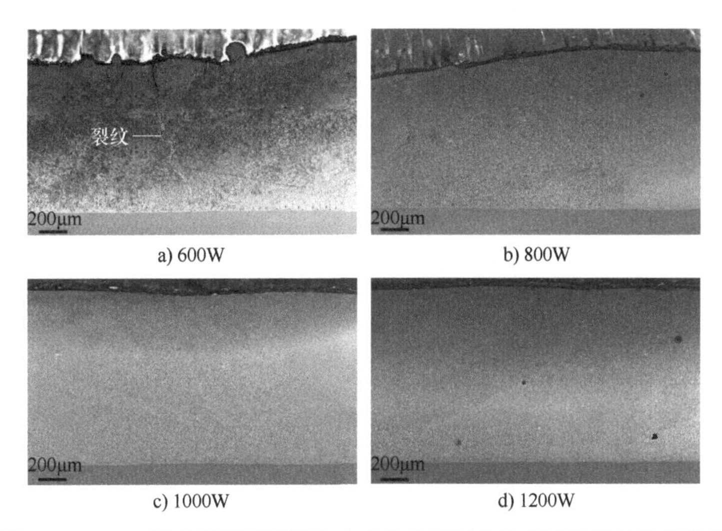

a) 600W　b) 800W　c) 1000W　d) 1200W

图 3-19　SEM 下观察的不同激光功率条件下制备的双层样品的微观形貌

1）从图 3-19a 可以看出：激光功率 P=600W 条件下，双层样品的第 1 层与 TC4 基板结合良好，但内部出现了贯穿整个打印层的裂纹缺陷；第 2 层高低不平，单层厚度均不足 0.5mm，与 z 轴提升量 Δz 不符，层内组织分布不均匀，表面粗糙并附着有未熔化的粉末颗粒。

2）从图 3-19b 可以看出：激光功率 P=800W 条件下，双层样品的第 1 层与 TC4 基板结合良好，内部未出现明显的裂纹缺陷，只是出现少量的气孔缺陷；第 2 层表面较为光滑，内部组织分布有所改善，但是层厚依然高低不平且不足 0.5mm。

3）从图 3-19c 可以看出，激光功率 P=1000W 条件下，双层样品的第 1 层与 TC4 基板结合良好，内部均未出现裂纹和气孔等缺陷；第 2 层表面光滑且平整，内部组织分布均匀，层厚为 0.5mm，与 z 轴提升量 Δz 相符，打印效果和成形质量最为理想。

4）从图 3-19d 可以看出，激光功率 P=1200W 条件下，双层样品的第 1 层与 TC4 基板结合良好，内部仅出现少量的气孔缺陷；第 2 层表面光滑且平整，内部组织分布较为均匀，但层厚较大，与 z 轴提升量 Δz 不符。

从不同激光功率条件下制备的双层样品的宏观形貌和微观形貌可以得出：当扫描速率保持不变时，在一定的激光功率范围内，当激光功率增大时，宏观上单层表面平整，层间单道明显；微观上样品内部组织均匀，打印层厚度大，层间缺陷少，双层打印样品的成形质量和打印效果好；但当激光功率过大时，打印层厚度过大，容易发生烧结现象。

图 3-20 所示为其他参数一定时，以不同的激光功率 P=600W、800W、1000W、1200W 进行第 2 层打印试验后，双层样品第 1 层的微观组织。

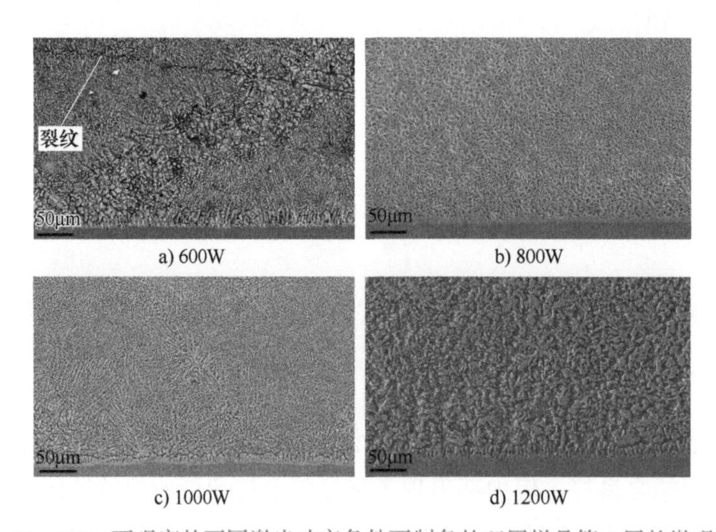

图 3-20　SEM 下观察的不同激光功率条件下制备的双层样品第 1 层的微观组织

从 SEM 图像可以看出：通过不同激光功率制备出的双层样品的第 1 层与 TC4 基板都形成了良好的冶金结合。虽然第 1 层的激光工艺参数相同，但是内部组织却有所不同，其主要原因为第 2 层的激光功率不同，能量不同，导致打印层内的热量积累和冷却速率都有所不同，最终影响了第 1 层内的非晶组织和晶体组织的含量、形状及其尺寸。

从图 3-20a 可以看出：激光功率 P=600W 条件下，双层样品第 1 层内部出现了明显的裂纹缺陷，在 TC4 基板顶部与第 1 层之间形成尺寸大约为 20μm 的柱状晶，在打印层之间形成大量枝状晶。由于激光功率较小，没有足够的能量用于晶体的形核和长大，故枝状晶晶粒较小，非晶含量较高。

从图 3-20b~d 可以看出，随着激光功率的增大，第 1 层内部已无裂纹缺陷产生，枝状晶晶粒变大，晶粒形状由狭长的枝状晶转变为短粗的枝状晶，晶粒尺寸由 5~10μm 增长到 10~20μm，晶体含量增加，非晶含量减少。这是由于热输入的增加使得其相对冷却速率降低，非晶的形成能力降低，非晶含量下降；且大量的热量积累给晶体的形核和长大提供了能量基础，降低了第 1 层的温度梯度，从而抑制了裂纹的产生，获得较好的打印层形貌。

当激光功率 P=1000W 时，第 1 层内部的晶粒尺寸大小适中，非晶含量适中，单层层间组织均匀，成形质量和打印效果最为理想。

图 3-21 所示为不同激光功率条件下制备的双层样品第 2 层的 X 射线衍射图谱。可以看出：在 2θ=37° 处都出现了表征非晶相存在的漫散射峰，且在非晶峰上都叠加着晶化峰。通过 PDF 卡片比对分析，第 2 层内部晶体相为 BCC 结构的 β-Zr（Ti）固溶体相，即枝状晶主要为含有 Zr、Ti、Nb 三种元素的固溶体。从晶化峰的尖锐程度看出，随着激光功率的增大，晶化峰变得尖锐，晶体含量增多，非晶含量减少。

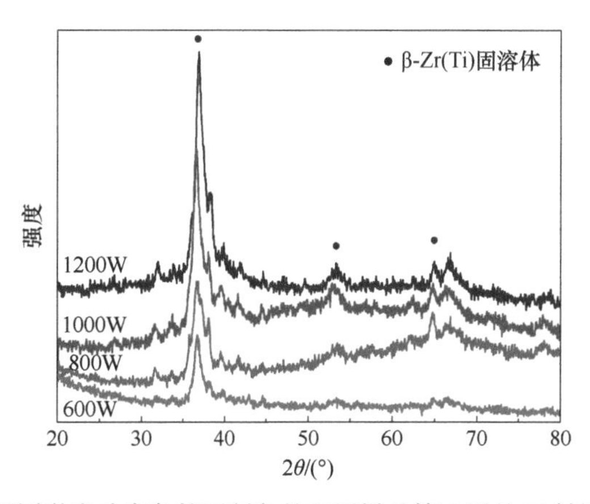

图 3-21　不同激光功率条件下制备的双层样品第 2 层的 X 射线衍射图谱

图 3-22 所示为激光功率 P=800W、1000W 和 1200W 制备出的双层样品

第 2 层中同一位置的微观组织（由于激光功率 P=600W 时样品有裂纹缺陷，因此不对其做进一步微观组织分析）。对比图 3-22 可以看出：随着激光功率的增加，第 2 层内部的微观组织变得更加均匀，枝状晶晶粒尺寸随之增加，非晶含量随之降低。当激光功率 P=800W 时，枝状晶晶粒尺寸为 5~10μm，非晶含量较高；当激光功率 P=1000W 时，晶粒尺寸为 10~20μm，且枝状晶形状狭长，非晶含量相对降低；当激光功率 P=1200W 时，晶粒尺寸为 10~20μm，但枝状晶呈团簇状，非晶含量进一步降低。随着激光功率的增加，激光束的能量升高，使得晶体有足够的能量环境进行形核和长大，获得较大尺寸的枝状晶。

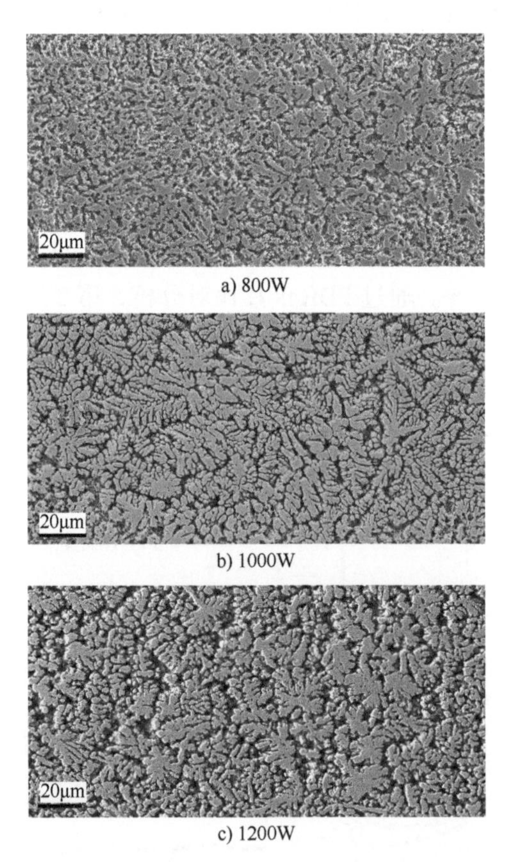

a) 800W

b) 1000W

c) 1200W

图 3-22　SEM 下观察的不同激光功率条件下制备的双层样品第 2 层同一位置的微观组织

通过以上分析和讨论，应选用激光功率 P=1000W 进行第 2 层 Zr39.6 非晶合金复合材料的激光增材制造。

2. 第 2 层扫描速率的确定

选用不同扫描速率，用 Zr39.6 粉末进行第 2 层 Zr39.6 非晶合金复合材料的激光增材制造。以表 3-5 为第 1 层试验的激光工艺参数，表 3-7 为第 2 层试验的激光工艺参数，相应的双层样品宏观形貌如图 3-23 所示。

表 3-7　第 2 层试验的激光工艺参数

试验编号	光斑直径 D/mm	送粉速率 v_1/（g/min）	搭接率 λ（%）	激光功率 P/W	扫描速率 v/mm/min	基板厚度 b/mm
1	3	10	30	1000	360	10
2	3	10	30	1000	480	10
3	3	10	30	1000	600	10
4	3	10	30	1000	720	10

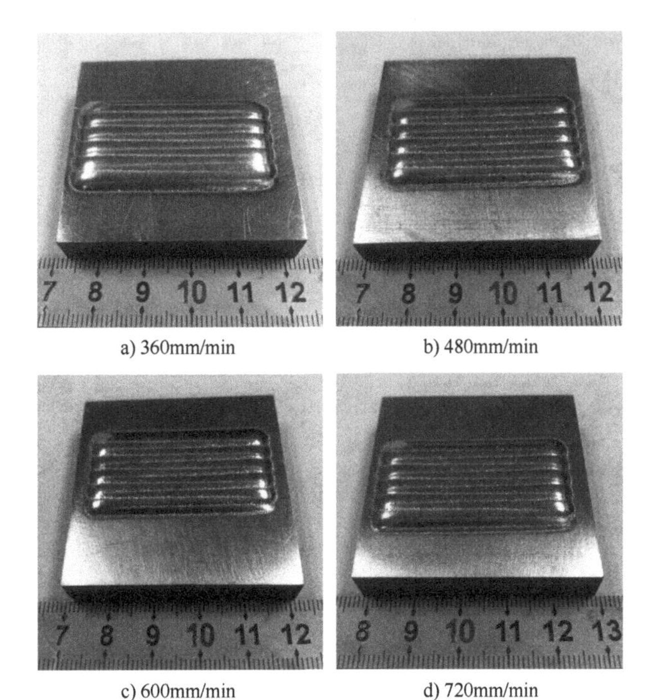

a) 360mm/min　b) 480mm/min　c) 600mm/min　d) 720mm/min

图 3-23　不同扫描速率条件下制备的双层样品宏观形貌

从不同扫描速率制备的双层样品宏观形貌可以看出，当其他参数不变时，改变扫描速率相比于改变激光功率对双层样品的宏观形貌的影响较小。从整体的宏观形貌可以看出，不同的扫描速率下的宏观形貌差别不大，双层样品的成形质量和打印效果都较为理想。样品层间单道明显，表面光滑且光泽度良好，没有未熔化的粉末颗粒附着，也没有明显的裂纹和气孔。当扫描速率 v=360mm/min 时，双层样品的单层厚度较大且在表面两侧发生严重凹陷，在多层打印时容易出现中间凸两侧凹的现象，进而影响大尺寸块状 Zr 基非晶合金复合材料的制备；当扫描速率 v=480mm/min 时，双层样品的单层厚度仍然较大且在样品两侧发生轻微凹陷，在多层打印时容易出现中间凸两侧凹的现象，进而影响大尺寸块状 Zr 基非晶合金复合材料的制备；当扫描速率 v=600mm/min 和 v=720mm/min 时，双层样品的单层厚度稳定在 0.5mm 左右，与 z 轴提升量 Δz 相互吻合，且样品表面平整度较好，成形质量和打印效果最为理想。

图 3-24 所示为扫描速率 v=360mm/min、480mm/min、600mm/min、720mm/min 条件下制备的双层样品微观形貌。可以看出：不同扫描速率下，双层样品的第 1 层与 TC4 基板结合都相对良好，内部组织分布较为均匀，没有出现明显的裂纹和气孔等缺陷，只是在扫描速率 v=720mm/min 的条件下样品内部组织分布相对较差且出现了少量的气孔缺陷。

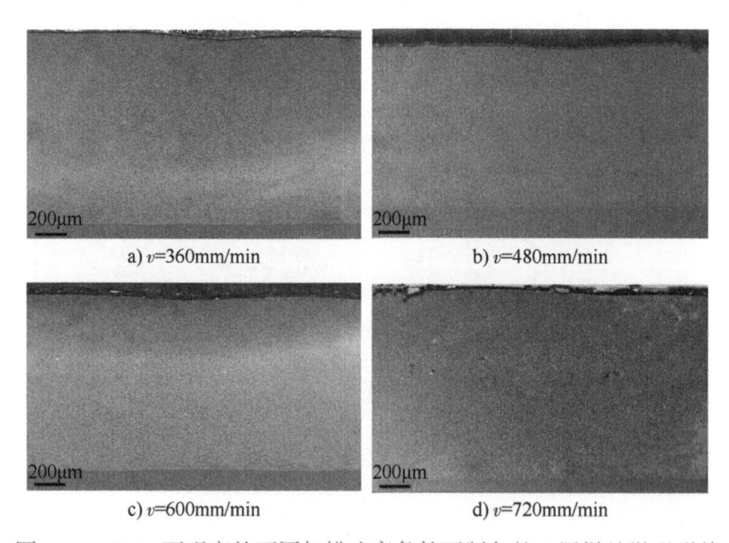

a) v=360mm/min　b) v=480mm/min
c) v=600mm/min　d) v=720mm/min

图 3-24　SEM 下观察的不同扫描速率条件下制备的双层样品微观形貌

1）从图 3-24a 可以看出：扫描速率 v=360mm/min 时，样品表面高低不平，第 2 层厚度不均匀，且单层厚度为 0.85mm 左右，远远高于 z 轴提升量 Δz。

2）从图 3-24b 可以看出：扫描速率 v=480mm/min 时，样品表面较为平整，第 2 层厚度较为均匀，但单层厚度依然高于 z 轴提升量 Δz。

3）从图 3-24c 可以看出：在扫描速率 v=600mm/min 条件下，样品表面光滑且平整，第 2 层厚度为 0.5mm，与 z 轴提升量 Δz 相符，打印效果和成形质量最为理想。

从不同扫描速率制备的双层样品的宏观形貌可以得出，当激光功率保持不变时，扫描速率的改变对双层打印样品的成形质量和打印效果影响相对较小。不同的扫描速率下，宏观上层间单道都较为明显，微观上内部组织都较为均匀。在一定的扫描速率范围内，当扫描速率增大时，激光束的能量减少，打印层厚度减小，层内均未出现明显的裂纹缺陷，双层打印样品的成形质量和打印效果变化不大；但当扫描速率过大时，打印层内部组织出现了不均匀现象，且有少量的气孔缺陷。

图 3-25 所示为在其他激光工艺参数一定时，以扫描速率 v=360mm/min、480mm/min、600mm/min、720mm/min 进行第 2 层打印试验后，双层样品第 1 层的微观组织。

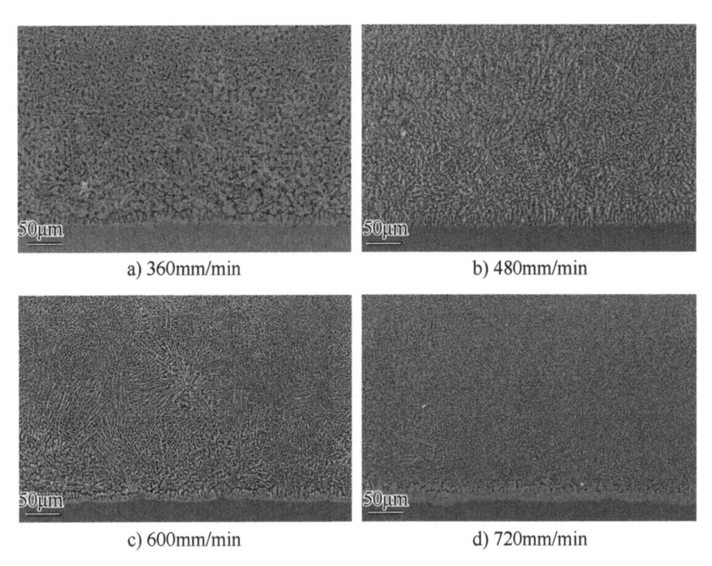

a) 360mm/min　b) 480mm/min

c) 600mm/min　d) 720mm/min

图 3-25　SEM 下观察的不同激光扫描速率条件下制备的双层样品第 1 层的微观组织

从 SEM 图像可以看出，通过不同扫描速率制备出的双层样品的第 1 层与 TC4 基板都形成了良好的冶金结合，虽然第 1 层的激光工艺参数相同，但是其内部组织却有所不同，主要的差异表现在枝状晶的形状和晶粒尺寸。随着第2层的扫描速率的增加，单位长度上的能量密度减小，导致第1层的热积累减小，冷却速率升高，非晶含量也有所增加。图3-25a~d表现为：随着扫描速率的增加，晶粒形状从短粗的枝状晶变为狭长的枝状晶，晶粒尺寸从20~30μm减小到5~10μm，晶体含量减少，非晶含量增加。

当扫描速率v=600mm/min时，第1层内部组织最为均匀，枝状晶晶粒大小适中，成形质量和打印效果最为理想。

图3-26为不同扫描速率条件下制备的双层样品第2层的X射线衍射图谱。从图中可以看出：在2θ=37°处都出现了表征非晶相存在的漫散射峰，且在非晶峰上都叠加着晶化峰。通过PDF卡片比对分析，第2层内部晶体相为BCC结构的β-Zr（Ti）固溶体相，即枝状晶主要为含有Zr、Ti、Nb三种元素的固溶体。从晶化峰的尖锐程度可以看出：随着扫描速率的降低，晶化峰变得尖锐，晶体含量增多，非晶含量减少。

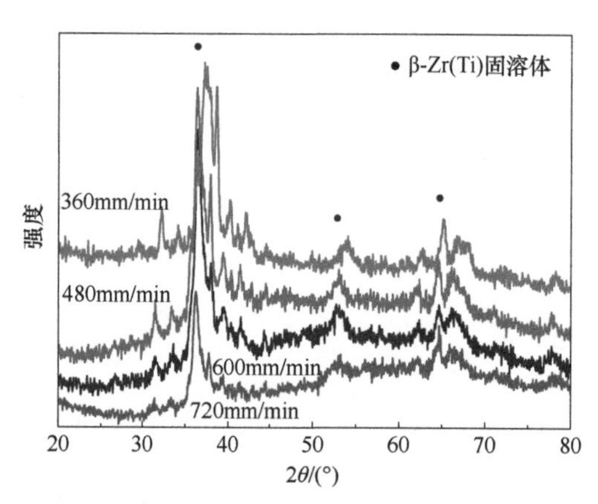

图3-26 不同扫描速率条件下制备的双层样品第2层的X射线衍射图谱

图3-27所示为扫描速率v=360mm/min、480mm/min、600mm/min、720mm/min条件下制备出的双层样品第2层中同一位置的微观组织。对比图3-27a、b、c、d可以看出：随着扫描速率的提高，打印层内部的枝状晶粒尺寸减小，内部微观组织变化不大，非晶含量增加。当扫描速率v=360mm/min时，晶粒呈团簇状的枝状晶，晶粒尺寸为10~20μm，晶化较为严重；当扫描速率v=480mm/min、600mm/min时，晶粒呈狭长状的枝状晶，晶粒尺寸为5~10μm，内部组织更为均匀，非晶含量变化不大；当扫描速率v=720mm/min时，晶粒尺寸为

5~10μm，但晶粒杂乱无章，呈板条状的枝状晶，非晶含量较高。随着扫描速率的增大，热输入减少，使晶粒的形核和长大受到限制，从而使晶粒尺寸减小，非晶含量增加。

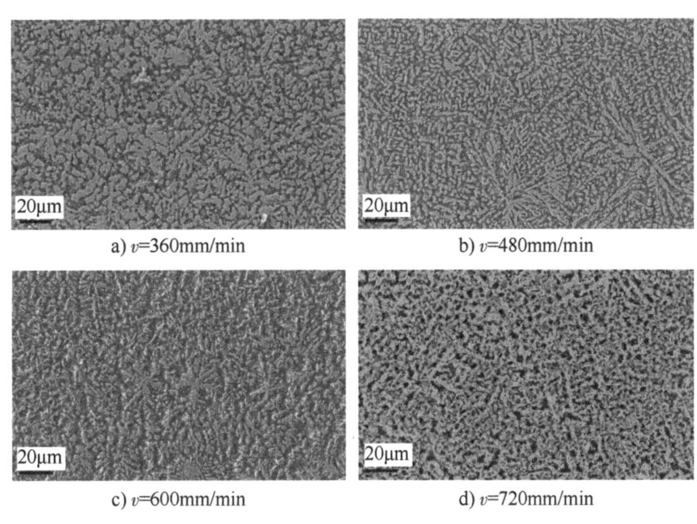

a) v=360mm/min　b) v=480mm/min

c) v=600mm/min　d) v=720mm/min

图 3-27　SEM 下观察的不同激光扫描速率条件下制备的双层样品第 2 层同一位置的微观组织

综上所述，应选用扫描速率 v=600mm/min 进行第 2 层 Zr39.6 非晶合金复合材料的激光增材制造。

3. 第 2 层 Zr39.6 非晶合金复合材料样品分析

根据上一小节的分析和讨论，最终确定激光功率 P=1000W、扫描速率 v=600mm/min 为激光增材制造块状 Zr39.6 非晶合金复合材料第 2 层的激光工艺参数。双层打印试验的激光工艺参数见表 3-8。用 Zr39.6 粉末进行第 2 层的激光增材制造，得到如图 3-28 所示的双层 Zr39.6 非晶合金复合材料样品。并通过 XRD、EDS、SEM 等手段对双层 Zr39.6 非晶合金复合材料样品的宏观形貌和微观组织进行分析和研究。

表 3-8　双层打印试验的激光工艺参数

试验名称	光斑直径 D/mm	送粉速率 v_1/（g/min）	搭接率 λ（%）	激光功率 P/W	扫描速率 v/（mm/min）	基板厚度 b/mm
第 1 层	3	10	30	1400	600	10
第 2 层	3	10	30	1000	600	10

a) 宏观形貌

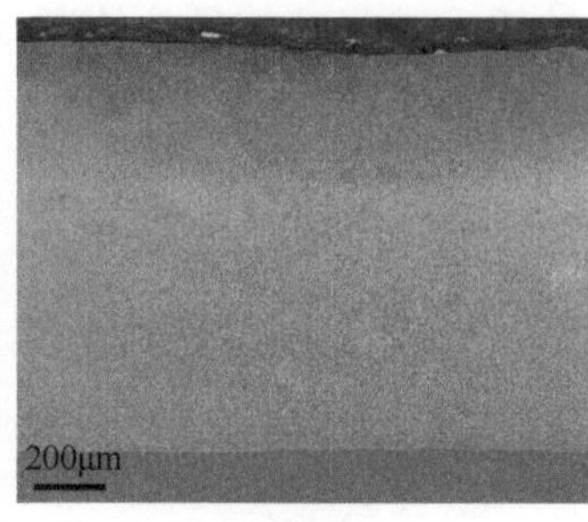

b) SEM图

图 3-28　双层 Zr39.6 非晶合金复合材料样品

1）从图 3-28a 可以看出：双层样品的打印层厚度较为均匀，样品表面光滑且平整，层间单道明显，表面未发现附着有未熔化的粉末颗粒，且在样品表面及内部没有产生明显的裂纹缺陷，成形质量和打印效果较为理想。

2）从图 3-28b 可以看出，第 1 层与 TC4 基板结合良好，打印层内部组织均匀。第 2 层表面平整，样品两侧未出现明显的凹陷，层厚稳定在 0.5mm 左右，与实际设定的 z 轴提升量 Δz 吻合。

图 3-29 所示为 SEM 下观察双层样品的垂直于激光移动方向的截面微观形貌。可以看出，通过激光增材制造技术制备的双层块状 Zr39.6 非晶合金复合材料样品的第 1 层与 TC4 基板形成了良好的冶金结合，打印层内部组织致密且分布均匀，未出现孔洞及裂纹等缺陷；从图 3-30 所示的 EDS 扫描分析结果可以看出在 TC4 基板材料与第 1 层之间发生了 Ti 元素和 Zr 元素的相互扩散，也验证了第 1 层与 TC4 基板形成了良好的冶金结合，为第 2 层打印试验奠定了良好的传热基础。

图 3-29　SEM 下观察双层样品的垂直于激光移动方向的截面微观形貌

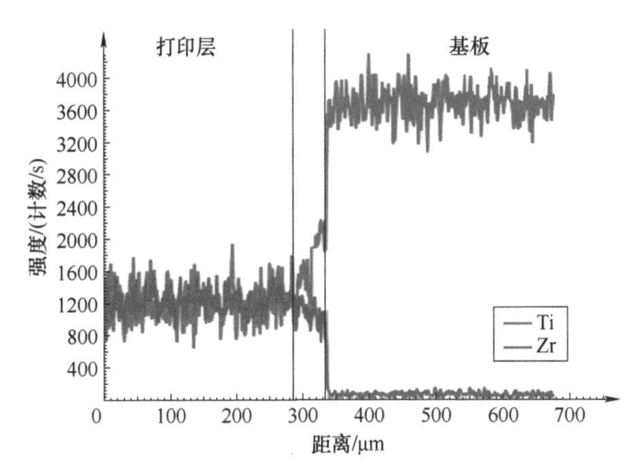

图 3-30 图 3-29 中红色线段处的 EDS 扫描分析

图 3-31 所示为双层 Zr39.6 非晶合金复合材料第 2 层的 X 射线衍射图谱。可以看出：在 $2\theta=37°$ 处出现了表征非晶相存在的漫散射峰，不过叠加着明显的晶化峰。通过 PDF 卡片比对分析可知第 2 层内部晶体相为 BCC 结构的 β-Zr（Ti）固溶体相，即枝状晶主要为含有 Zr、Ti、Nb 三种元素的固溶体。在激光增材制造双层块状 Zr 基非晶合金复合材料的过程中，激光束的高能量密度产生的热循环使得处于亚稳态的非晶相向稳态的晶体相转变，而多次反复的热输入使得 Zr39.6 非晶合金复合材料的非晶含量进一步减少，从而导致其晶化峰更加尖锐。

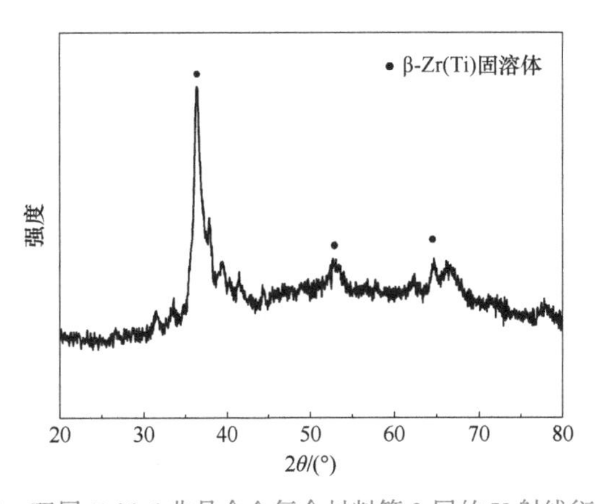

图 3-31 双层 Zr39.6 非晶合金复合材料第 2 层的 X 射线衍射图谱

图 3-32 所示为双层 Zr39.6 非晶合金复合材料样品的微观组织。

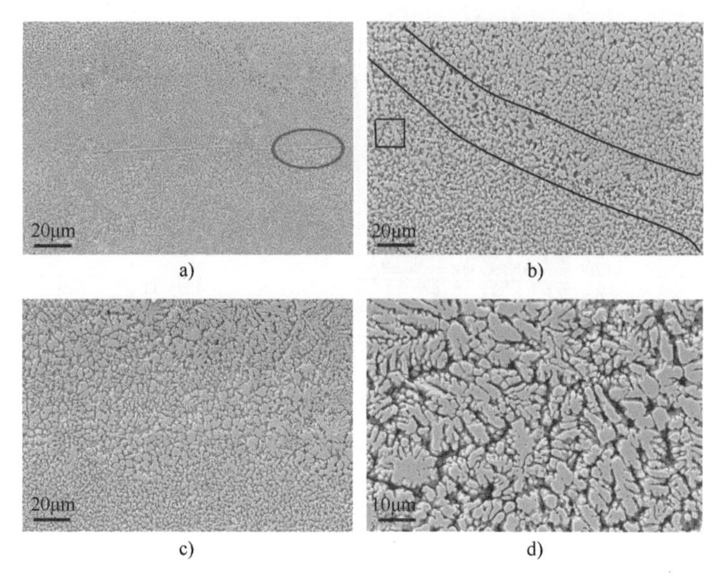

图 3-32　SEM 下观察的双层 Zr39.6 非晶合金复合材料样品的微观组织

从图 3-32a 可以看出：打印层内部的晶体相为不同尺寸的枝状晶结构，并在第 1 层和第 2 层之间有着明显的分界面。在分界面以下的第 1 层，从下到上，枝状晶的晶粒尺寸增大，在临近分界面处枝状晶的晶粒尺寸突然减小。一是由于 TC4 基板和打印层在打印过程中存在较大的温度梯度，且打印层各个部分的冷却速率不同，导致其热量积累存在差异。第 1 层中下端靠近基板，冷却速率较大，热量积累较少，形成的晶粒尺寸相对较小，非晶含量相对较多；第 1 层中上端远离基板，冷却速率较小，热量积累较多，有足够的能量使晶粒形核和长大，形成的晶粒尺寸相对较大，非晶含量相对较少。二是由于第 2 层的打印过程对第 1 层的重熔作用，再一次的热输入使得其内部晶粒发生再结晶，晶粒尺寸再次长大。

图 3-32b 所示为第 2 层的热影响区和熔池区的微观组织，其中黑色曲线之间的部分为热影响区。可以看出：热影响区的枝状晶晶粒尺寸明显大于熔池区的枝状晶晶粒尺寸，热影响区的非晶含量低于熔池区的非晶含量。这是由于热影响区在激光反复加热过程中持续处于结构弛豫状态，易发生晶化。

图 3-32c 所示为第 2 层内部的微观组织，可以看出从下到上枝状晶晶粒尺寸呈不断长大趋势，与第 1 层内部的规律相似。第 2 层内最下端的枝状晶晶粒

尺寸为 1~5μm，呈小颗粒状互相连接；中端的枝状晶晶粒尺寸为 5~10μm，呈小块状互相连接；上端的枝状晶晶粒尺寸为 10~20μm，呈树枝状互相连接。

图 3-32d 所示为第 2 层内最上端的枝状晶微观组织，可以看出其晶粒尺寸和分布都较均匀。

图 3-33 所示为图 3-32b 中黑色方框内组织的 EDS 分析。从 EDS 分析结果可以看出 Nb 元素主要富集在枝状晶晶粒内，也验证了枝状晶内部主要是由 BCC 结构的 β-Zr（Ti）固溶体相组成，而 Cu 元素更多富集在非晶组织中。

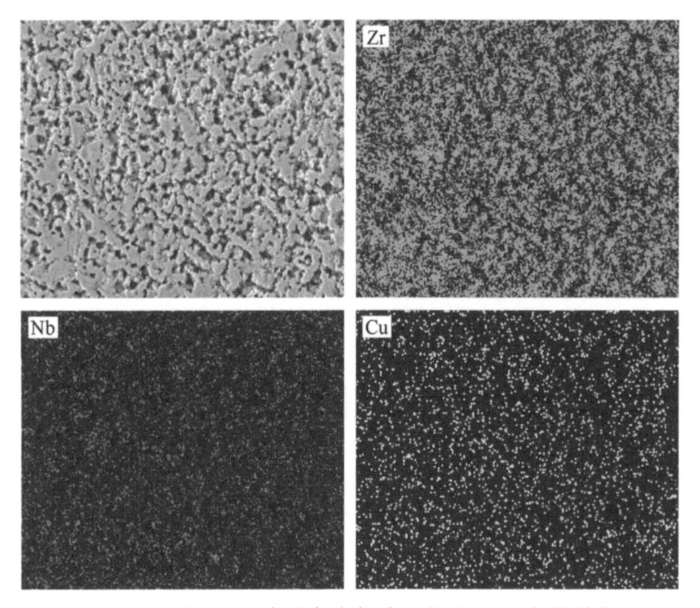

图 3-33　图 3-32b 中黑色方框内组织的 EDS 扫描分析

3.1.5　激光增材制造多层 Zr39.6 非晶合金复合材料

非晶合金虽然具有很多晶体合金无法比拟的优异性能，但是目前只能应用于软磁材料领域，而作为结构材料尚未获得广泛的应用。临界尺寸问题是限制其应用的一个重要因素。非晶合金复合材料的发展现状也几近相同。由于块状非晶合金及其复合材料在实际工业生产中主要采用铜模铸造法生产，而该方法对于大尺寸工件和复杂形状工件的加工很难满足要求，存在极大的局限性。

本节通过激光增材制造和电弧熔炼法制备大尺寸块状 Zr39.6 非晶合金复

合材料样品，并采用XRD、DSC、SEM、EDS以及拉伸试验等检测手段对其宏观形貌、微观组织和力学性能进行研究，分析比较两种不同方式制备的块状Zr基非晶合金复合材料样品的宏观形貌、微观组织和力学性能的差异。

1. 激光增材制造Zr39.6非晶合金复合材料样品分析

按照表3-9中的激光工艺参数，用Zr39.6粉末进行多层Zr基非晶合金复合材料的激光增材制造。试验制备的多层Zr39.6非晶合金复合材料样品共打印11层，不间断连续打印，第1层是在TC4基板上进行打印，后10层是在第1层以及前一层基础上进行打印。试验所得多层样品的形貌如图3-34所示。

表3-9　多层Zr39.6非晶合金复合材料激光3D打印试验的激光工艺参数

打印层数	光斑直径 D/mm	送粉速率 v_1/(g/min)	搭接率 λ (%)	激光功率 P/W	扫描速率 v/(mm/min)	基板厚度 b/mm
第1层	3	10	30	1400	600	10
第2~11层	3	10	30	1000	600	10

a) 宏观形貌

500μm

b) SEM图

图3-34　多层样品的形貌

1）从图3-34a可以看出：样品层间单道明显，表面光滑且无明显的裂纹和气孔等缺陷；在打印过程中没有发生烧结现象，单层高度平整稳定，未出现严重的凹陷，成形质量和打印效果较为理想。

2）从图3-34b可以看出：第1层与TC4基板结合良好，内部组织较为均匀；第2~11层表面平整，未出现严重的塌陷现象，整体层厚达到5.6mm左右，与实际设定的 z 轴提升量 Δz 吻合良好。

图 3-35 为试验得到的多层 Zr39.6 非晶合金复合材料样品垂直于激光移动方向的截面微观形貌。可以看出：通过激光增材制造技术制备的第 1 层与 TC4 基板形成了良好的冶金结合，打印层内部组织致密且分布均匀，未出现孔洞及裂纹等缺陷。

图 3-35　SEM 下观察的多层样品的垂直激光移动方向截面微观形貌

从图 3-36 的 EDS 扫描图谱可以看出：第 1 层与 TC4 基板发生了 Ti 元素与 Zr 元素的扩散，也验证了第 1 层与 TC4 基板形成了良好的冶金结合，为接下来的多层打印试验奠定了良好的传热基础。

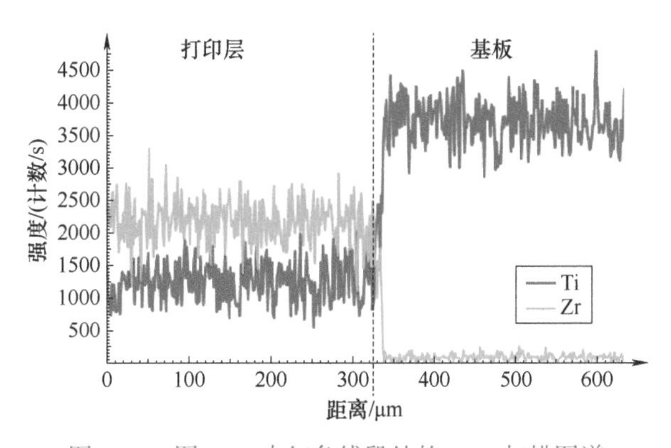

图 3-36　图 3-35 中红色线段处的 EDS 扫描图谱

图 3-37 所示为 Zr39.6 粉末和多层样品的 X 射线衍射图谱。可以看出，Zr39.6 非晶合金复合材料粉末和多层样品的 XRD 图谱在 $2\theta=37°$ 处均出现了表征非晶相存在的漫散射峰，且在漫散射峰上叠加着表征晶体相存在的晶化峰。通过 PDF 卡片比对分析，该晶体相为 BCC 结构的 β-Zr（Ti）固溶体相，即枝状晶主要为含有 Zr、Ti、Nb 三种元素的固溶体。从晶化峰的尖锐程度可以看出，多层样品的晶化程度明显大于 Zr39.6 粉末的晶化程度。

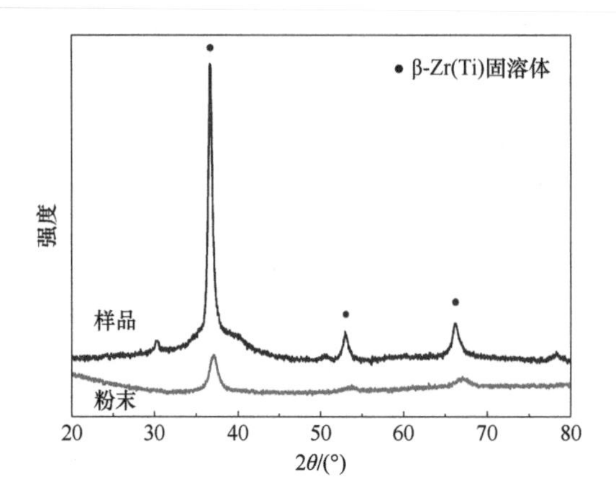

图 3-37 Zr39.6 粉末和多层样品的 X 射线衍射图谱

图 3-38 所示为试验制备的多层 Zr39.6 非晶合金复合材料样品的不同打印层中同一位置处的微观组织。

1）图 3-38a 所示为第 1 层的微观组织，可以看出第 1 层的内部枝状晶组织分布较为均匀，晶粒形状为狭长状且尺寸较小。作为与 TC4 基板连接的打印层，其晶粒尺寸比第 3 层的晶粒尺寸大。因为第 1 层的激光功率比第 3 层的激光功率大，热输入较大，导致热积累相对较多，形成的晶粒尺寸相对较大。

2）图 3-38b~e 所示分别为第 3、5、7、9 层的微观组织。可以看出：各打印层内部的枝状晶组织分布都较为均匀，随着打印层数的增加，晶粒尺寸不断增大，非晶含量不断减少，晶粒形状从狭长枝状晶转变为短粗枝状晶，最后转变为团簇枝状晶。

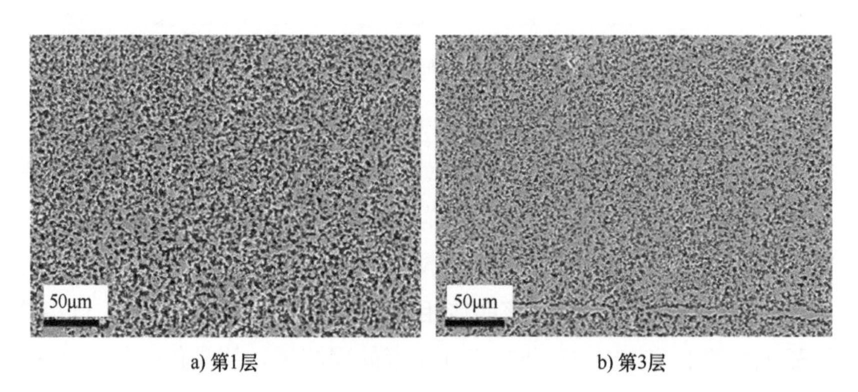

a) 第1层　　b) 第3层

图 3-38 SEM 下观察的多层样品不同层间的微观组织

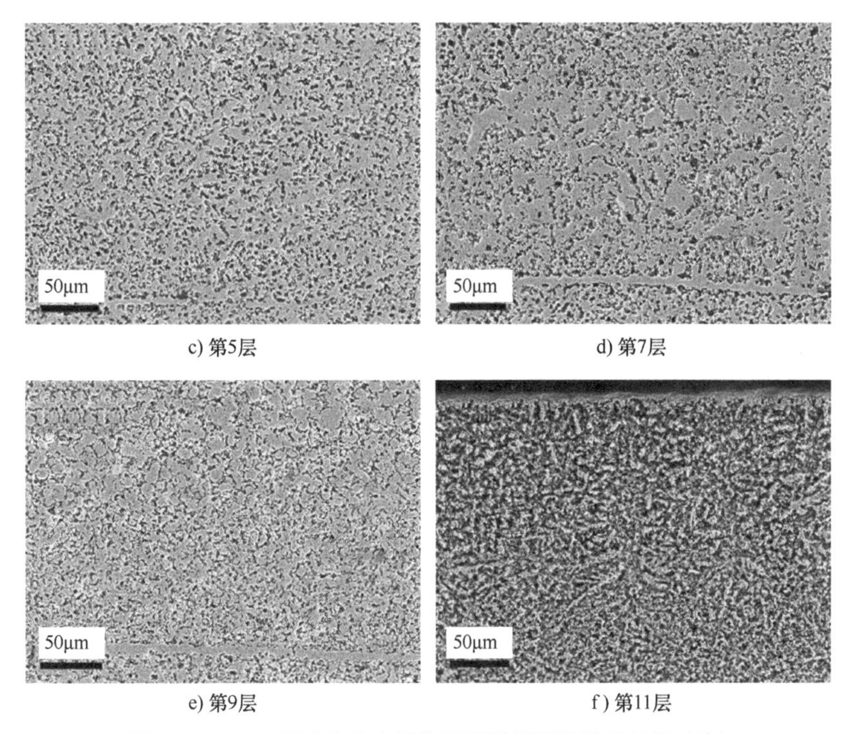

c) 第5层　　d) 第7层

e) 第9层　　f) 第11层

图 3-38　SEM 下观察的多层样品不同层间的微观组织（续）

3）图 3-38f 所示为第 11 层的微观组织，可以看出第 11 层内部的枝状晶组织分布较为均匀，但是晶粒尺寸不再继续增大，而是形成狭长枝状晶，晶粒尺寸相对较小。这是由于在第 11 层的打印之后没有发生重熔，晶粒不会进行二次形核和长大。

综合以上分析和讨论，除第 1 层和最后一层外，随着打印层数的增加，晶粒尺寸不断增大，晶体含量不断增加，非晶含量不断减少。

图 3-39 为制备的多层 Zr39.6 非晶合金复合材料样品的同一层中不同位置处的微观组织。

1）图 3-39a 显示打印层底部的枝状晶分布均匀，晶粒呈狭长状且尺寸相对较小，晶粒尺寸为 1~5μm，枝条长度在 50μm 左右。

2）图 3-39b、c 显示在打印层的中部，枝状晶呈慢慢长大趋势，晶粒形状从狭长枝状晶慢慢向短粗枝状晶转变，晶粒长度变短，团簇直径增大，晶粒尺寸为 10~20μm。

3）图 3-39d 显示在打印层的顶部，枝状晶进一步长大，完全形成团簇枝状晶，晶粒尺寸为 20~50μm。

在单层间形成组织梯度是由于单层内冷却速率的差异和不同的温度梯度共同影响的。相比于打印层顶部，打印层底部的冷却速率较大，没有足够的能量和时间使晶粒形核和长大，更容易形成非晶组织，所以在样品的底部形成狭长而尺寸较小的枝状晶。随着层厚的增加，冷却速率减小，温度梯度变小，有更多的能量和时间使晶粒形核和长大，使得打印层顶部的晶化程度相对严重，晶粒尺寸增大，非晶含量减少。

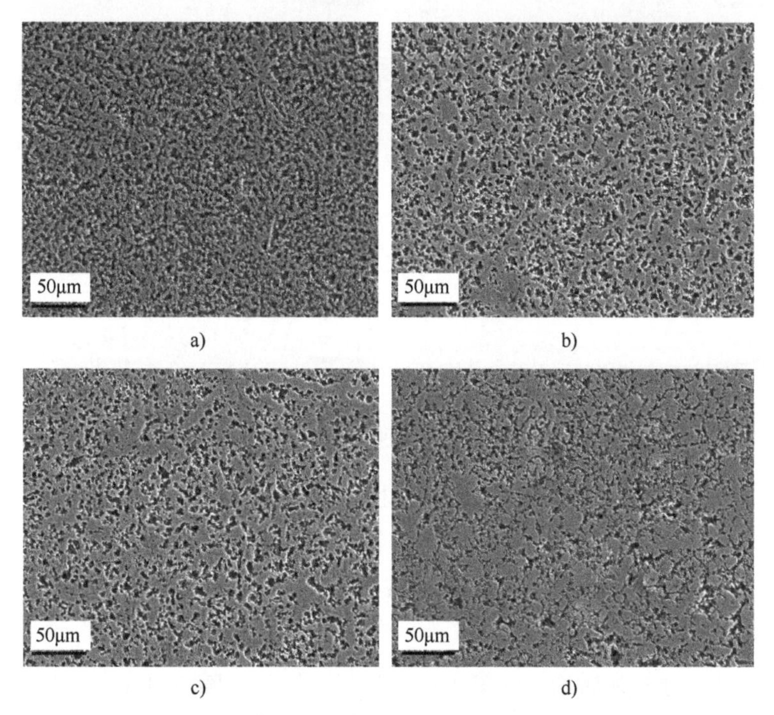

图 3-39　SEM 下观察的多层样品同一层间不同位置处的微观组织

a）~d）为底部到顶部

图 3-40 所示为多层样品微观组织的 EDS 扫描分析。从 EDS 分析结果可以明显看出 Nb 元素主要富集在多层样品中的枝状晶晶粒中，而 Cu 元素主要富集在多层样品中的非晶组织中，其余元素均匀分布在非晶相和晶体相之中，没有明显的偏析和富集。X 射线衍射分析的结果也证实了该枝状晶为 BCC 结构的 β-Zr（Ti）固溶体相。

2. 电弧熔炼法制备 Zr39.6 非晶合金复合材料样品分析

用电弧熔炼法制备的 Zr39.6 非晶合金铸锭（以下简称铸锭）的宏观形貌如图 3-41 所示。

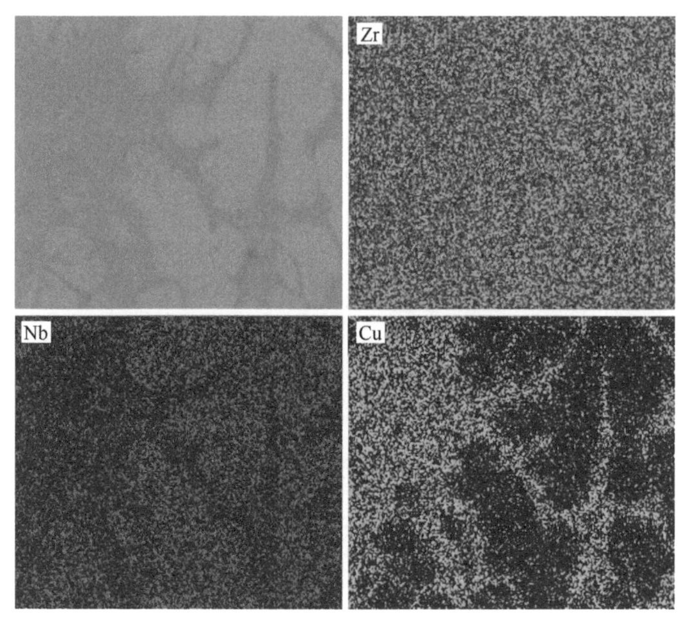

图 3-40　多层样品微观组织的 EDS 扫描分析

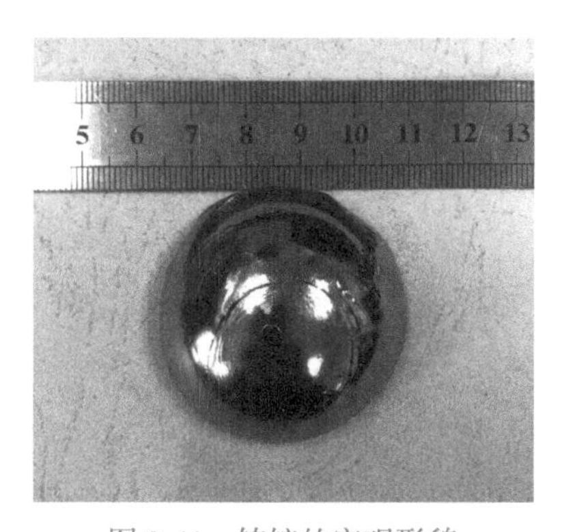

图 3-41　铸锭的宏观形貌

图 3-42 所示为 Zr39.6 粉末和铸锭的 X 射线衍射图谱。可以看出，粉末和电弧熔炼法制备的铸锭在 $2\theta=37°$ 处均出现了表征非晶相存在的漫散射峰，且在漫散射峰上叠加着表征晶体相存在的尖锐晶化峰。通过 PDF 卡片比对分析，该晶体相为 BCC 结构的 β-Zr（Ti）固溶体相，即枝状晶主要为含有 Zr、Ti、Nb 三种元素的固溶体。相比于 Zr39.6 粉末的晶化峰强度，铸锭的晶化程度更为严重。

图 3-43 所示为加热速率为 10K/min 时，Zr39.6 铸锭的 DSC 分析。从 DSC

曲线可以看出该铸锭在430℃附近出现了明显的放热峰，验证了铸锭中非晶组织的存在。

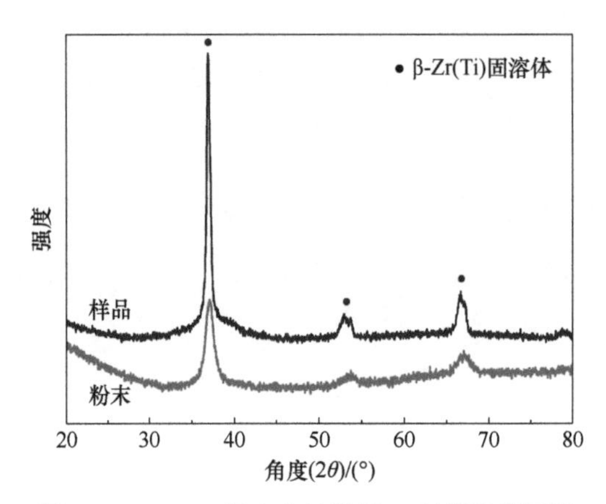

图 3-42　Zr39.6 粉末和铸锭的 X 射线衍射图谱

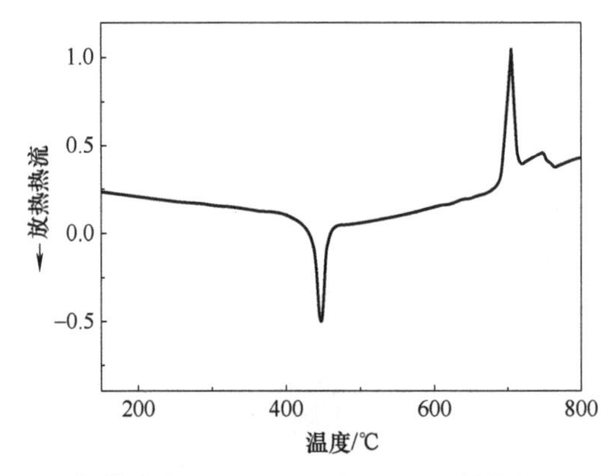

图 3-43　加热速率为 10K/min 时，Zr39.6 铸锭的 DSC 分析

图 3-44 所示为电弧熔炼法制备的铸锭样品微观组织。

1）图 3-44a 中的黑色箭头方向为铸锭样品的底端到顶端方向。从图中可以看出：在铸锭样品内部分布着不同晶粒尺寸的枝状晶。

2）从图 3-44b 可以看出：在铸锭的底部枝状晶均匀分布，晶粒呈狭长状且尺寸较小，晶粒尺寸为 5~10μm。

3）从图 3-44c 可以看出：在铸锭的中部，枝状晶呈长大趋势，晶粒呈短粗状且尺寸也有所增大。

4）从图 3-44d 可以看出：在铸锭的顶部，枝状晶呈继续长大趋势，晶粒呈团簇状且尺寸较大，晶粒尺寸为 20~30μm。

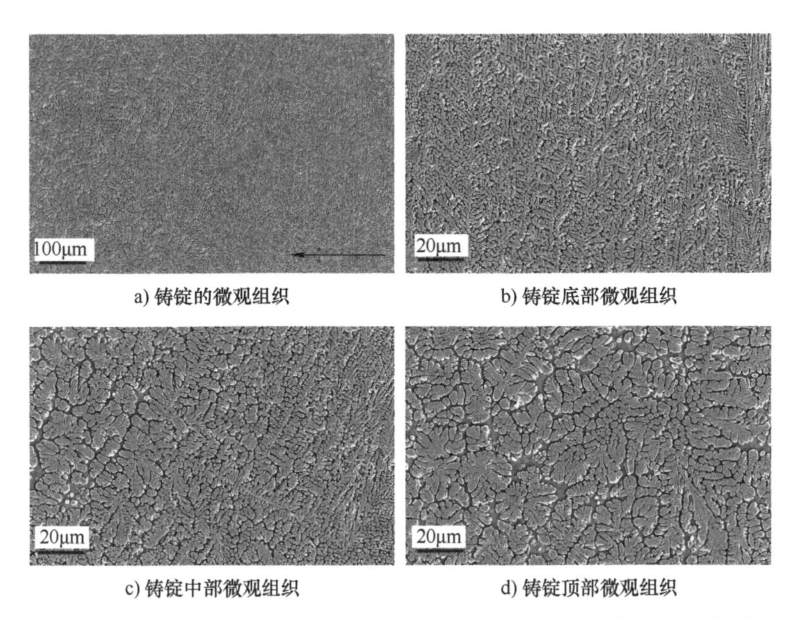

a) 铸锭的微观组织　b) 铸锭底部微观组织

c) 铸锭中部微观组织　d) 铸锭顶部微观组织

图 3-44　SEM 下观察的电弧熔炼法制备的铸锭微观组织及不同位置的微观组织

相比于中部和顶部，铸锭底部的冷却速率相对较高，从而没有足够的能量和时间进行晶体的形核和长大，更容易形成非晶组织，故在铸锭底部的枝状晶形状狭长且尺寸较小。随着冷却速率的降低，晶化程度变得严重，枝状晶尺寸增大，非晶含量减少。

图 3-45 所示为铸锭微观组织的 EDS 扫描分析。可以看出 Nb 元素主要富集在铸锭中的枝状晶晶粒中，而 Cu 元素主要富集在铸锭中的非晶组织中，其余元素较为均匀地分布在非晶相和晶体相之中，没有明显的偏析和富集。X 射线衍射分析的结果也证实了该枝状晶为 BCC 结构的 β-Zr（Ti）固溶体相。

3. 两种方法制备样品的拉伸性能分析

选用拉伸应变速率 5×10^{-4}/s 对两种方法制备样品的标准拉伸试样进行室温拉伸试验。

图 3-46 所示为两种方法制备的 Zr39.6 非晶合金复合材料的室温拉伸试验结果。从室温拉伸应力 - 应变曲线可以看出，激光增材制造技术制备样品的标准试样在室温拉伸试验过程中只是发生了弹性变形而没有发生明显的塑性变形。电弧熔炼技术制备样品的标准试样在室温拉伸试验过程中发生了明显的塑性变形。激光增材制造技术制备样品的标准试样的屈服强度 R_e 为 835MPa，抗

拉强度 R_m 为 880MPa。电弧熔炼技术制备样品的标准试样的塑性应变量可达 7.98%，屈服强度 R_e 为 925MPa，抗拉强度 R_m 为 950MPa。采用激光增材制造技术制备的多层 Zr39.6 非晶合金复合材料的屈服强度和抗拉强度略差于电弧熔炼技术制备的块状 Zr39.6 非晶合金复合材料，且基本没有室温塑性，在室温拉伸过程中发生脆性断裂。

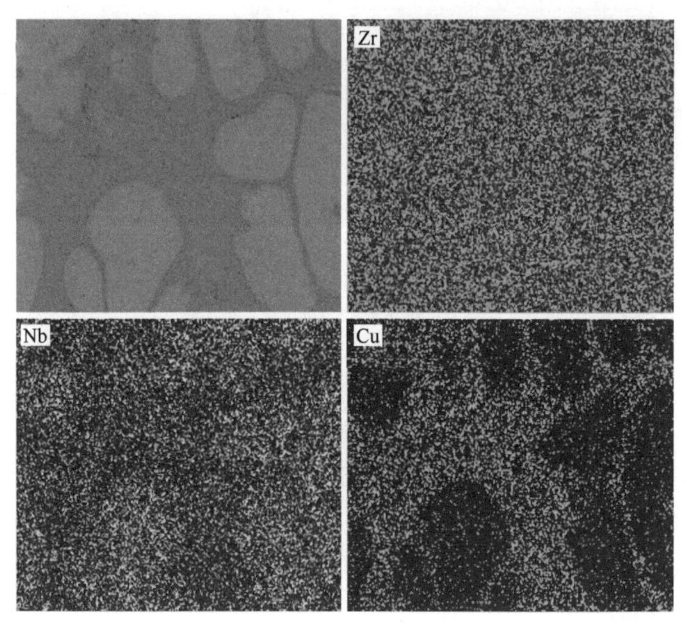

图 3-45　铸锭微观组织的 EDS 扫描分析

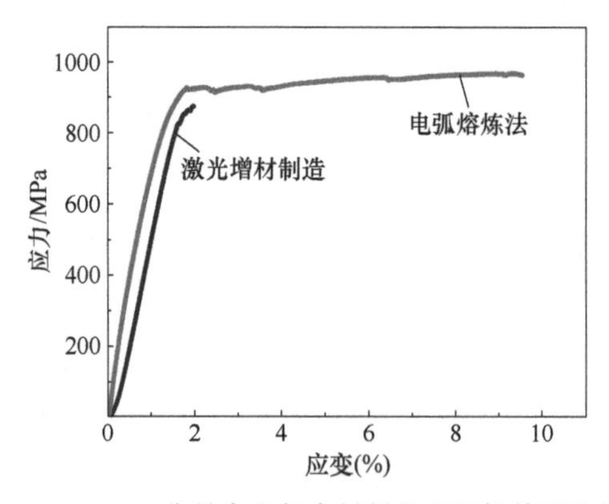

图 3-46　Zr39.6 非晶合金复合材料的室温拉伸试验结果

图 3-47 所示为两种不同方法制备的多层 Zr39.6 非晶合金复合材料的拉伸

断口形貌。从图 3-47a、c、e 可以看出：采用电弧熔炼技术制备样品的标准试样断口形貌是连续分布的脉纹状花样，脉纹均匀且细密，是典型的非晶合金复合材料的断口形貌特征。脉纹的疏密程度可以影响材料的强度和塑性，脉纹越细小，密度越大，表明该材料的室温塑性越好，这也能从其塑性应变量达到 7.98% 得到体现。从图 3-45b、d、f 可以看出，采用激光增材制造技术制备样品的标准试样断口形貌是撕裂棱花样，呈拉伸正断，没有发生塑性变形。这表明激光增材制造多层 Zr39.6 非晶合金复合材料拉伸断裂特征为脆性断裂。

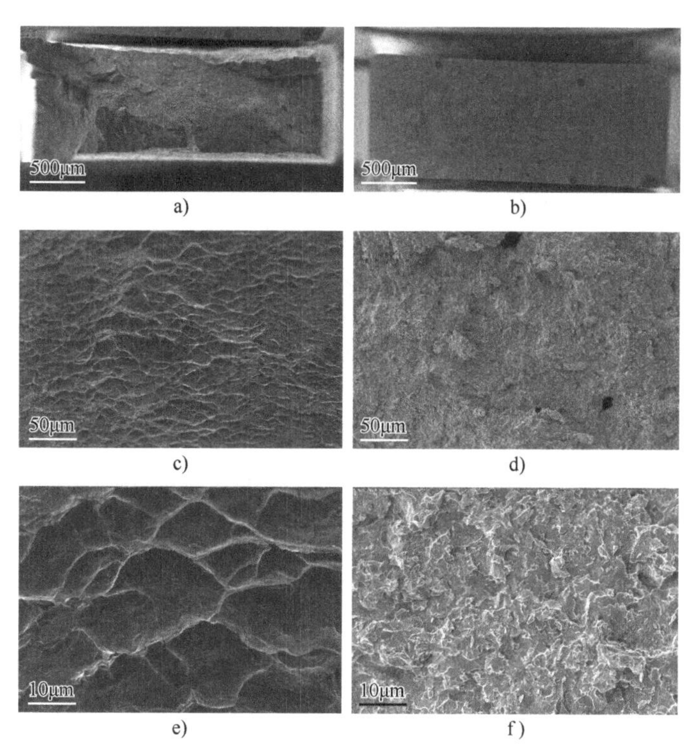

图 3-47 多层 Zr39.6 非晶合金复合材料的拉伸断口形貌

注：a)、c)、e) 为电弧熔炼样品；b)、d)、f) 为激光增材制造样品。

3.2 激光增材制造梯度结构 Zr39.6 非晶合金复合材料

通过在非晶基体中生成晶体相来合成内生型非晶合金复合材料，已经成为改善非晶合金低塑性的一种行之有效的方法。这些弥散的晶体相有利于剪切带形核，同时也阻碍了剪切带向裂纹的演化。然而与非晶合金相比，晶体相在提高塑性的同时也导致强度的降低。尽管国内外学者在优化非晶合金复合材料的强度和塑性方面已经做出了巨大的努力，但这两种性能通常是互斥的，即塑性的提高仍不可避免地伴随着强度的降低。因此如何制造新的微结构以使非晶合金复合材料达到理想的强度 - 塑性协同作用是目前的一个主要挑战。

梯度结构复合材料可以获得高强度和优良塑性的理想组合。梯度结构复合材料中的软层具有较高的塑性变形能力，将延缓裂纹的扩展，并防止材料的早期失效。同时，硬层施加的变形约束也会使软层强度提高，从而使梯度结构复合材料具有较高的强度。如果能适当地调控梯度结构非晶合金复合材料的塑性和硬度，就有望产生显著的强度 - 塑性协同效应。

本节以室温塑性较好的 Zr39.6 为模型材料，首先在激光功率（P）和扫描速率（v）连续变化的条件下，通过同轴送粉式激光增材制造技术快速合成 16 组单道非晶合金复合材料样品。选取热输入为综合工艺参数，确定工艺参数与枝状晶含量的相关性，然后利用 ABAQUS 软件分别对 16 组激光增材制造过程中的温度场进行有限元模拟，研究了工艺参数对熔池热行为及凝固行为的影响规律，进而探索工艺参数与枝状晶含量相关性的原因，确定了采用激光增材制造技术对凝固组织进行精确定制的可行性，为下一步可控制备梯度结构非晶合金复合材料提供理论依据。在热输入与枝状晶含量的函数关系式的指导下，采用激光增材制造技术制备了具有强度 - 塑性协同作用的多层梯度结构非晶合金复合材料。样品具有典型梯度结构，其枝状晶体积分数从 20% 逐渐过渡到 65%。利用多种分析测试手段，研究了多层梯度结构样品的力学性能，并阐述了其强度 - 塑性协同机理。

3.2.1　枝状晶体积分数与工艺参数对应关系的确定

激光增材制造的热循环过程直接决定着合金的最终组织，而激光功率（P）和扫描速率（v）是影响激光增材制造热循环过程的重要工艺参数。因此合理地调节激光功率和扫描速率，可以控制非晶合金复合材料枝状晶的体积分数。为进一步理解枝状晶体积分数与工艺参数间的内在联系，达到对梯度结构非晶合金复合材料的组织进行调控的目的，有必要对二者的对应关系进行深入探索。为了快速、准确地建立这种对应关系，在连续变化的激光功率和扫描速率下，利用同轴送粉式激光增材制造技术制备一系列单道 Zr39.6 非晶合金复合材料样品，形成样品数据库。

1. 激光增材制造单道 Zr39.6 非晶合金复合材料

用激光增材制造技术制备出的非晶合金复合材料的枝状晶体积分数受多种激光工艺参数的共同影响，如激光光斑直径、送粉速率、送气量等。单道试验所选用的激光工艺参数见表 3-10。其他参数固定不变，只有激光功率与扫描速率连续变化的条件下，以 16 组不同的参数组合进行激光增材制造单道 Zr39.6 非晶合金复合材料的试验。

表 3-10　单道试验所选用的激光工艺参数

试验编号	光斑直径 D/mm	送粉速率 v_1/（g/min）	送气量 q/（L/min）	激光功率 P/W	扫描速率 v/（mm/min）
1	3	10	300	600	360
2	3	10	300	600	480
3	3	10	300	600	600
4	3	10	300	600	720
5	3	10	300	800	360
6	3	10	300	800	480
7	3	10	300	800	600
8	3	10	300	800	720
9	3	10	300	1000	360
10	3	10	300	1000	480
11	3	10	300	1000	600
12	3	10	300	1000	720
13	3	10	300	1200	360
14	3	10	300	1200	480
15	3	10	300	1200	600
16	3	10	300	1200	720

在激光功率与扫描速率连续变化的条件下，利用同轴送粉式激光增材制造技术制备了 16 组单道样品。利用 Leica DMi8 A 倒置光学显微镜（OM）分别

对每组样品的微观组织形貌进行观察。通过 Image J 软件对金相照片进行处理，如图 3-48 所示，黄色区域为枝状晶，黑色区域为非晶，分别计算出每组样品的枝状晶体积分数。

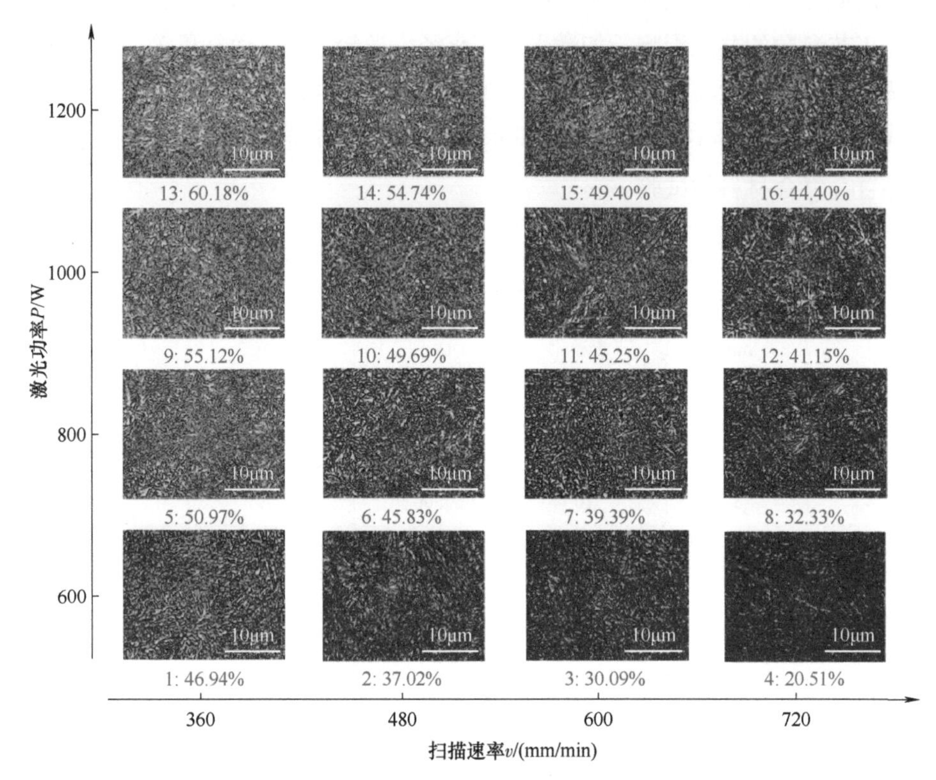

图 3-48　光学显微镜下观察的单道样品同一位置的微观组织形貌

注：图中百分数为枝状晶的体积分数。

由于激光增材制造所具有的大温度梯度和快速凝固特征，与传统铸造相比，其样品组织更加细密。在凝固过程中，溶质分配系数小于 1 的溶质原子将在固液界面前沿聚集，从而改变局部平衡凝固温度，当固液界面前沿的实际温度低于平衡态温度时，将在固液界面前沿的局部区域形成成分过冷区，在此区域有利于等轴晶的形核与析出。从图 3-48 中可以看出，当扫描速率不变时，随着激光功率的增加，枝状晶越来越粗大，体积分数不断增加；当激光功率不变时，随着扫描速率的提高，枝状晶越来越细小，体积分数不断减少。

上述结果表明，激光功率与扫描速率的改变均可以对非晶合金复合材料的枝状晶体积分数产生影响。然而定性描述工艺参数对凝固组织的影响不具有说服力。为更好地理解激光增材制造工艺参数与最终获得的枝状晶体积分数之间的关系，以精确调控材料的组织及性能，建立激光工艺参数与枝状晶体积分数间的定量关系十分必要。

2. 激光增材制造非晶合金复合材料有限元模拟

激光增材制造的凝固组织中枝状晶体积分数与输入能量关系十分密切，因此选取热输入为综合工艺参数。热输入是单位长度材料上输入的能量。

$$E=P/v \tag{3-2}$$

式中　P——激光功率；

v——激光扫描速率。

非晶合金复合材料中枝状晶的体积分数对冷却速率 v_c 较为敏感，冷却速率与激光增材制造热循环过程中的热输入密切相关，因此冷却速率可能是连接枝状晶体积分数和热输入的桥梁。一般来说，较高的热输入将向熔池引入更多的热量，从而导致较低的冷却速率，反之亦然。建立激光增材制造单道样品的模型，采用 ABAQUS 有限元模拟软件对模型进行瞬态热分析，计算激光增材制造非晶合金复合材料熔池的冷却速率，以探索激光增材制造过程中枝状晶体积分数与工艺参数之间函数关系的深层原因。

为了定量计算每组样品的冷却速率，基于表 3-10 中的 16 组参数，应用 ABAQUS 有限元模拟软件对激光增材制造单道样品过程进行了温度场模拟。通过编写 ABAQUS 中的用户子程序，在工件上实现 DFLUX 移动热源的加载。在 ABAQUS 的作业中提交由 Fortran 语言编写的热源模型，进行激光增材制造过程的温度场分析。

图 3-49 所示为垂直于激光移动方向的截面的温度场，其中灰色部分为超过液相线温度（T_l=1023K）而熔化的部分，从红色到黄色再到绿色区域温度依次降低。从图中可明显看出上部单道沉积部分全部熔化，基板熔化区域宽度与单道熔化沉积部分宽度相等。这说明激光输入的能量使基板形成熔池的同时恰好使单道沉积部分全部熔化。

通过有限元模拟，可以得到模型在不同时刻的温度场可视化仿真结果。以工艺参数为 P=600W、v=600mm/min 的模型为例，图 3-50 显示了激光增材制造单道样品过程中不同时刻的温度场，灰色区域为超过液相线温度的熔化区域。从图中可以看出激光热源前端的热量相对集中，在 0.6s 左右材料开始熔化，热量向整个基板传递，2.5s 时激光加热过程结束，模型整体开始降温。

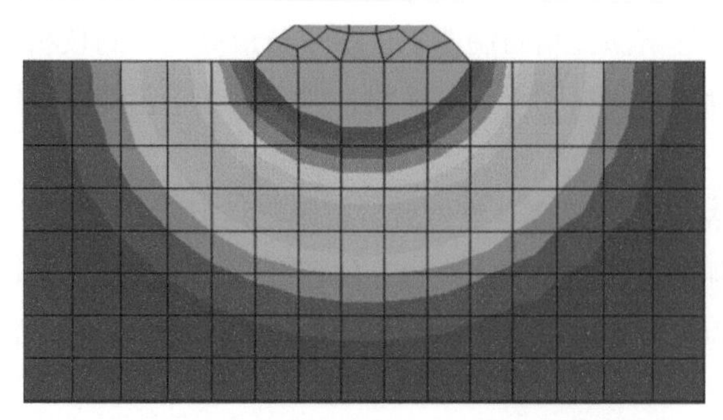

图 3-49　垂直于激光移动方向的截面的温度场

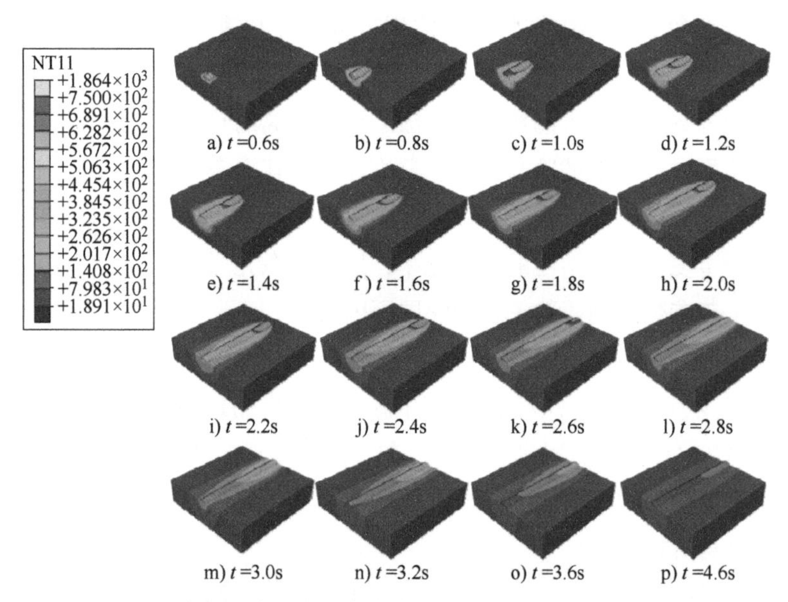

图 3-50　激光增材制造单道样品过程中不同时刻的温度场

3. 熔池的冷却速率

在每组模型中，选取截面的单道部分中心单元节点作为温度监控点，导出从开始加热到降至室温的整个过程的热循环曲线，并分别计算模型降温过程中的冷却速率。在 5 种不同的工艺参数组合下模拟的温度分布曲线如图 3-51 所示，冷却速率 v_c 为热循环曲线降温段某一时间点的切线斜率。

一般来说，非晶合金在凝固过程中是否结晶取决于其冷却速率是否低于晶化临界冷却速率，如果冷却速率低于晶化临界冷却速率就会结晶。晶化临界冷却速率即为等温转变（TTT）曲线的“鼻尖”温度（T_n）处的冷却速率，T_n 大约是液相线温度（T_l）的 80%。

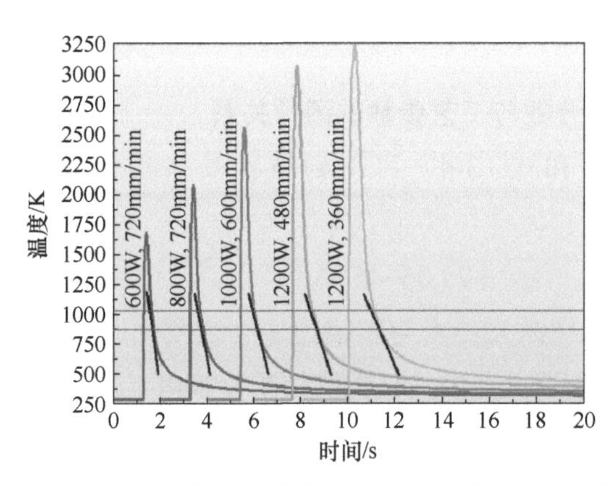

图 3-51　在 5 种不同工艺参数组合下模拟的温度分布曲线

计算出每组模型当温度降低至 T_n 时的冷却速率后，分别拟合出冷却速率与热输入的关系曲线及冷却速率与枝状晶含量的关系曲线，如图 3-52 所示。

冷却速率与激光热输入的函数关系为

$$v_c=1348.74\left(P/v\right)^{-0.87} \tag{3-3}$$

冷却速率与枝状晶体积分数呈线性相关，函数关系为

$$v_c=29.4\left(75.06-100\varphi\right) \tag{3-4}$$

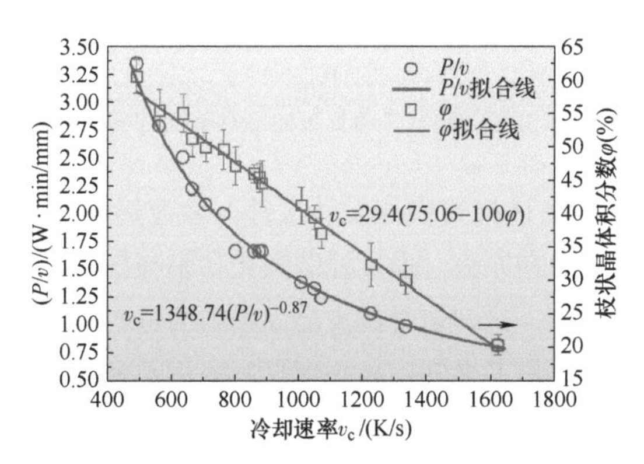

图 3-52　P/v 与枝状晶体积分数 φ 关于冷却速率 v_c 的函数

目前，对于激光工艺参数与凝固组织的关系，普遍接受的观点是高热输入有利于凝固组织的粗化，低热输入有利于凝固组织的细化。激光功率的增加或扫描速率的减小，将直接导致热输入的增大，熔池中热积累较严重，进而降低熔池的冷却速率，即降低过冷度，形核率增大，枝状晶组织粗化，体

积分数增加；而激光功率的减小或扫描速率的加快，则导致热输入减小，熔池中热积累较小，冷却速率较快，提高了过冷度，枝状晶组织变得细小，体积分数减少。

4. 枝状晶体积分数与工艺参数的函数关系

合并式（3-3）和式（3-4）可得到枝状晶体积分数与热输入的函数关系，即

$$\varphi=[75.06-45.86(P/v)^{-0.87}]/100 \tag{3-5}$$

图 3-53 反映了在激光功率与扫描速率连续变化的条件下，枝状晶体积分数随热输入的变化情况。其中，枝状晶体积分数用 φ 表示；为了便于直观地观察激光功率和扫描速率单独变化时对枝状晶体积分数的影响，热输入直接写作 P/v；误差棒表示枝状晶体积分数测量的标准误差。

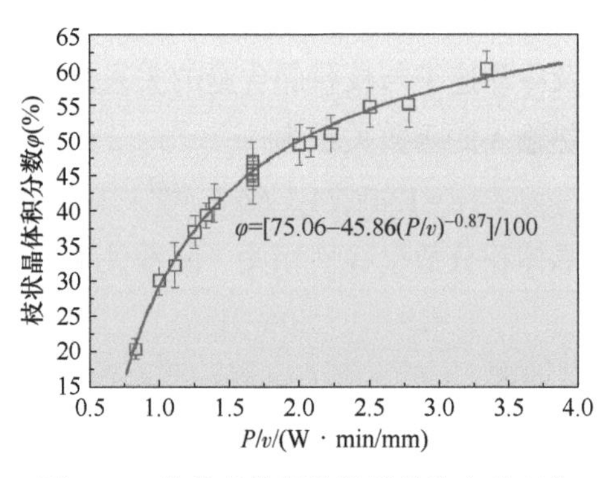

图 3-53　枝状晶体积分数随热输入的变化

上述结果表明，除材料的成分设计之外，熔池热行为也是影响凝固组织中枝状晶体积分数的内在原因。通过控制激光功率与扫描速率，可以改变热输入，进而控制冷却速率，达到定量调控凝固组织的目的。枝状晶体积分数与热输入之间的函数关系为接下来利用激光增材制造技术可控制备梯度结构非晶合金复合材料提供了量化依据。

3.2.2　梯度结构非晶合金复合材料的结构设计

为了提高非晶合金复合材料的强度，同时保持其塑性，尝试制备由多个韧（软）脆（硬）层组成的层状结构。这些非晶合金复合材料层预先设计为具有

相同的组成，通过它们的梯度塑性/强度转变，以消除相邻层之间的弹性失配。在不改变成分的情况下，优化非晶合金复合材料塑性与强度的一个方法是调整枝状晶体积分数。在式（3-5）枝状晶体积分数与热输入的函数关系指导下，利用激光增材制造技术制备 12 层非晶合金复合材料样品，以获得如图 3-54 所示的预先设计的结构。

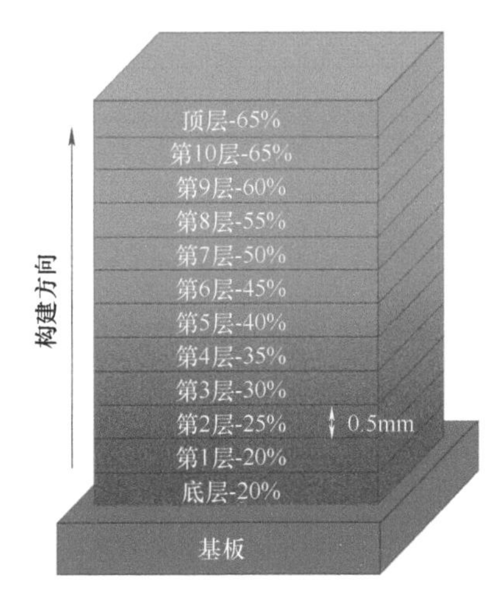

图 3-54 非晶合金复合材料的梯度结构示意图

注：图中百分数为枝状晶的体积分数。

该非晶合金复合材料样品具有呈梯度分布的微观组织，其枝状晶体积分数由下至上从 20% 逐渐过渡到 65%。由于靠近基板的底层与随后的熔化沉积层对激光的吸收率不同，导致底层与随后的多层打印工艺参数存在较大差异，且其中存在着基板元素的扩散，故不将底层熔化沉积的非晶合金复合材料样品作为主要研究对象。同时由于在分析测试前需要对样品进行线切割及研磨、抛光等预处理，会对样品的表层有一定的磨损，因此靠近基板的底层和整个多层样品的顶层为预留的加工余量。

根据预先设计的枝状晶体积分数从 20% 过渡到 65% 的梯度结构，在 $\varphi=[75.06-45.86(P/v)^{-0.87}]/100$ 这一函数关系的指导下，计算出制备每层样品所需的热输入，确定工艺参数，利用同轴送粉式激光增材制造技术可控制备梯度结构 Zr39.6 非晶合金复合材料。

采用的基板材料为 TC4，厚度为 10mm，送粉速率为 10g/min，送气量为 300L/min，搭接率 $\lambda=30\%$，z 轴提升量 $\Delta z=0.5\text{mm}$。选用表 3-11 中的激

光工艺参数制备梯度结构非晶合金复合材料。采取不间断连续打印，共打印12层。

表 3-11　梯度结构非晶合金复合材料的激光工艺参数

样品层数	设计枝晶体积分数 φ（%）	计算热输入（P/v）/（W·min/mm）	扫描速率 v/（mm/min）	激光功率 P/W
顶层	65	5.73	600	3438
10	65	5.73	600	3438
9	60	3.6	600	2160
8	55	2.59	600	1554
7	50	2	600	1200
6	45	1.63	600	978
5	40	1.36	600	816
4	35	1.17	600	702
3	30	1.02	600	612
2	25	0.9	600	540
1	20	0.81	600	486
底层	20	0.81	600	486

3.2.3　梯度结构非晶合金复合材料的微观组织

图 3-55 所示为激光增材制造 12 层梯度结构 Zr39.6 非晶合金复合材料样品宏观形貌。从图中可以看出，样品层间单道明显，表面光滑且无明显的裂纹和气孔等缺陷；在打印过程中没有发生烧结现象，单层高度平整稳定，未出现严重的凹陷现象，成形质量和打印效果较为理想。整体层厚达到 6mm 左右，与实际设定的 z 轴提升量Δz 吻合良好。

在高分辨率透射电子显微镜（TEM）下观察，其非晶基体与枝状晶界面的微观形貌及衍射图案如图 3-56 所示。其中，枝状晶显示出了 BCC 结构的衍射图案，而非晶基体则显示出宽泛而弥散的圆环，呈典型的非晶态结构。

图 3-55　12 层梯度结构 Zr39.6 非晶合金复合材料样品宏观形貌

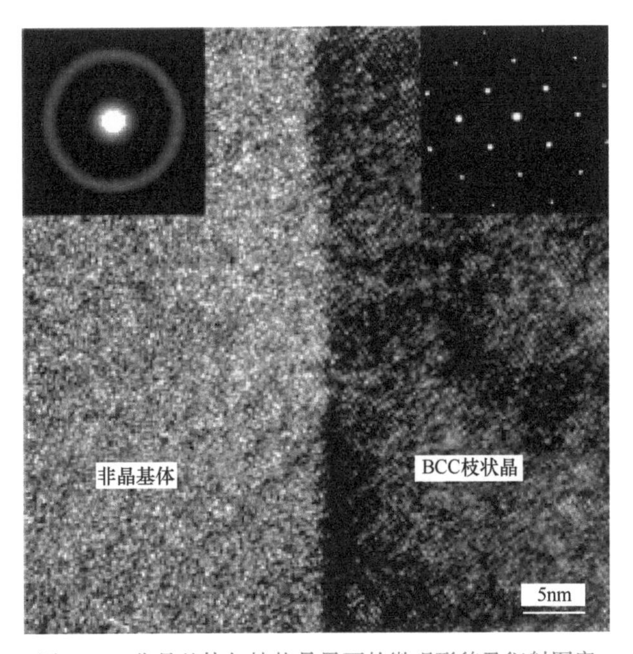

图 3-56　非晶基体与枝状晶界面的微观形貌及衍射图案

图 3-57 所示为光学金相显微镜下观察的多层梯度结构 Zr39.6 非晶合金复合材料样品的不同打印层中同一位置的微观组织。从图中可以看出，各打印层内部的枝状晶组织分布都较为均匀，从第 1 层到第 10 层晶粒尺寸和枝状晶体积分数不断增加，非晶含量不断减少，枝状晶形状从狭长状转变为短粗状，最后转变为团簇状。这是由于从下至上激光功率逐渐变大，在扫描速率不变的条件下，热输入增大，导致冷却速率降低，因此过冷度减小，形核率则增加，使

枝状晶数量增加。利用 Image J 软件对金相照片进行分析，计算出每层的实际枝状晶体积分数，并与预先设计好的枝状晶体积分数对比，发现实际值与设计值十分接近，仅存在微小偏差。

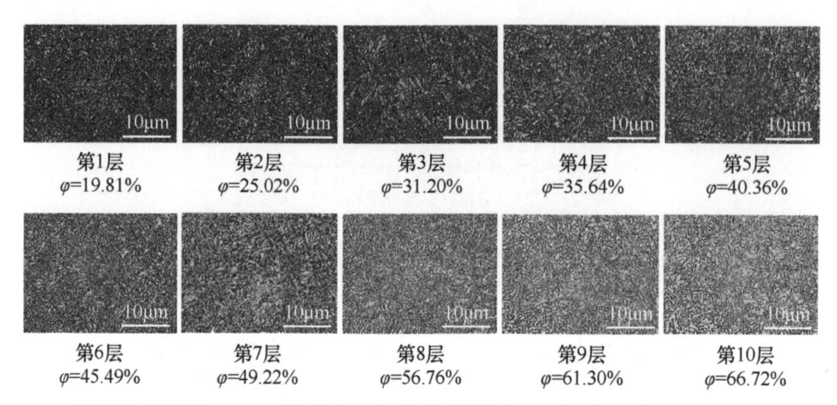

图 3-57　多层梯度结构 Zr39.6 非晶合金复合材料样品不同打印层中同一位置的微观组织

3.2.4　梯度结构非晶合金复合材料的力学性能

为进一步研究激光增材制造制备的梯度结构 Zr39.6 非晶合金复合材料的力学行为，对样品进行了力学性能测试，并深入分析其强度 - 塑性机理。

1. 室温拉伸性能

梯度结构 Zr39.6 非晶合金复合材料室温拉伸的应力 - 应变曲线如图 3-58 所示。其中下方插图表示了拉伸试样的取样位置。图中还显示了激光增材制造制备的具有均匀枝状晶分布（枝状晶体积分数为 67%）的多层非晶合金复合材料（Vitreloy 1）及铸态 Zr39.6 非晶合金复合材料样品的拉伸应力 - 应变曲线。显然，与铸态样品（屈服强度为 1174MPa）相比，梯度结构非晶合金复合材料在不降低塑性的情况下，具有更高的屈服强度（1317MPa）。

整个梯度结构非晶合金复合材料的屈服强度和 10 层样品的平均屈服强度相关。利用混合物规则（ROM）计算了梯度材料的平均屈服强度

$$R_{ea}=\sum_{i=1}^{10}(v_iR_i) \tag{3-6}$$

式中　v_i——第 i 层的体积分数，$v_i\approx h_i/h_t$（h_i 和 h_t 分别是第 i 层的高度和整体样品的高度）；

R_i——第 i 层的屈服强度。

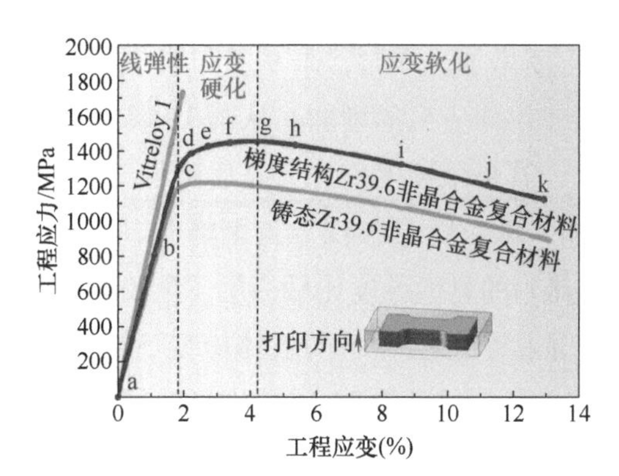

图 3-58　不同状态的 Zr39.6 非晶合金复合材料的室温拉伸应力 - 应变曲线

此外，Narayan 等人发现 Zr-Ti-Nb-Cu-Be 非晶合金复合材料体系的硬度约为其屈服强度的 3.5 倍。因此可使用经验公式来计算梯度结构复合材料的平均屈服强度

$$R_{ea}=\sum_{i=0}^{10}\frac{h_i}{h_t}\left(H_i/3.5\right) \tag{3-7}$$

式中　H_i——拉伸前第 i 层的显微硬度。

从图中也可以看出，梯度结构复合材料样品的拉伸变形具有三个主要阶段：线弹性阶段、应变硬化阶段和应变软化阶段。

2. 显微硬度

为了详细探讨梯度结构非晶合金复合材料的力学行为，试样的拉伸过程在一定的应变水平下被中断，如图 3-58 中的拉伸应力 - 应变曲线上的 a~k 所示。在拉伸前后，沿梯度结构非晶合金复合材料的横截面测量其显微硬度，相应的结果如图 3-59 所示。

显然，在拉伸前，沿梯度结构复合材料的形成方向存在显微硬度梯度（图 3-59a 中的 a 线）。用纳米压痕法测定梯度结构复合材料中枝状晶的硬度约为 3.6GPa，而非晶基体的硬度约为 4.7GPa。由于 Zr39.6 非晶合金复合材料中的枝状晶比非晶基体软，因此从枝状晶最少的第 1 层到枝状晶最多的第 10 层，显微硬度逐渐降低。拉伸开始后，在 b 点处（图 3-59a 中的 b 线），当梯度结构复合材料表现出宏观弹性变形时，沿打印方向的显微硬度分布与未变形时几乎相同。在 c 点处（图 3-59a 中的 c 线），梯度结构复合材料开始宏观屈服，第 10 层的显微硬度首先增加，而其他层的显微硬度值几乎保持不变。在 d 和 e 点处（图 3-59a 中的 d 和 e 线），梯度结构复合材料的塑性变形程度更严重，第 10 层的显微硬度不断增加。同时，第 9 层和第 8 层的显微硬度依次开始增加。很显然，随着整体拉伸应变的增加，从第 10 层到第 1 层，显微硬度在相邻层中不断发生变化，其显微硬度值先升高后降低。对于第 10 层，其显微硬度从 a 点到 e 点先增加，然后从 f 点到 k 点逐渐降低。从图 3-59a 中还可以发现，前一层（含少量枝状晶）的显微硬度比后一层（含较多枝状晶）的显微硬度下降更显著。图 3-59b 显示了各层在不同整体应变下测得的显微硬度。图中给出的梯度结构非晶合金复合材料的 10 层平均显微硬度 - 应变曲线也显示出与图 3-58 所示的应力 - 应变曲线对应的三个阶段，即线弹性阶段、应变硬化阶段和应变软化阶段。这表明梯度结构非晶合金复合材料的宏观变形行为来源于各层变形行为的共同作用。

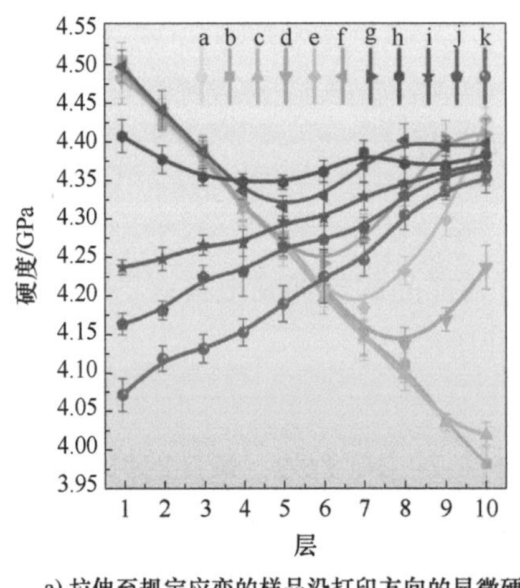

a) 拉伸至规定应变的样品沿打印方向的显微硬度

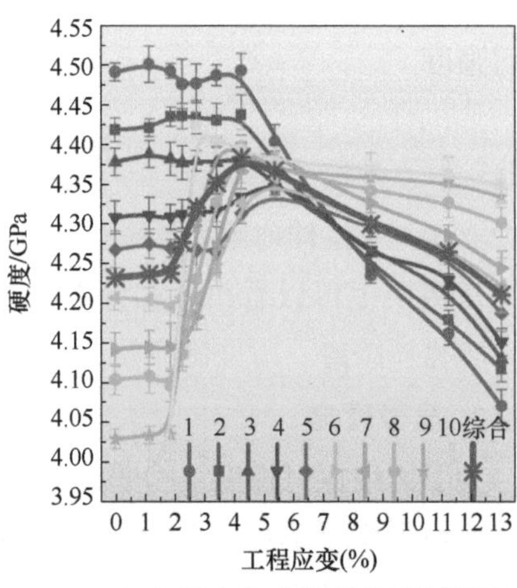

b) 在不同的应变时测量的每层显微硬度

图 3-59　显微硬度演化

根据图 3-59 中 a 线的硬度分布，用 ROM 计算出梯度结构 Zr39.6 非晶合金复合材料的平均屈服强度约为 1209 MPa，高于铸态样品屈服强度（1174MPa），表明梯度结构复合材料中单层的平均屈服强度的增加有利于整体强度的提高。用 ROM 计算的梯度结构非晶合金复合材料的屈服强度仍低于实际测量值（1317MPa），说明 ROM 不足以估算梯度结构复合材料的屈服强度。这是由于 ROM 没有考虑层间的相互作用。因此相邻层之间强烈的相互约束可能导致屈服强度测量值高于计算值。

3. 形变过程微观结构演化

为了揭示拉伸变形对硬度的影响机理，对梯度结构非晶合金复合材料的显微组织进行了深入研究。基于图 3-59 所示的硬度结果，图 3-60 所示为梯度结构非晶合金复合材料拉伸变形过程中的微观组织，分别对应于图 3-58 所示的应力 - 应变曲线上的 b 点到 k 点。图 3-60 中的矩形框表示典型局部区域，其微观结构如图 3-61 所示。

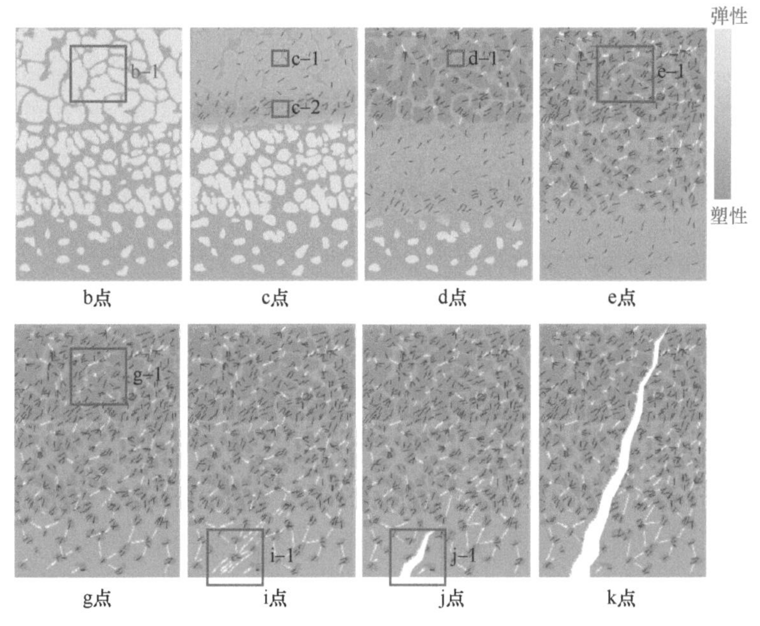

图 3-60 梯度结构非晶合金复合材料在变形过程中的微观组织

图 3-61 梯度结构非晶合金复合材料典型区域的微观结构

在弹性变形阶段（b 点），较软的枝状晶和较硬的非晶基体都发生弹性变形。图 3-61 中的 b-1 显示了图 3-60 的 b 点图像中红色矩形表示的典型局部区域的微观结构。亮区为枝状晶，暗区为非晶基体。显然，枝状晶生长良好，均匀分布在非晶基体中。

将应变增加到 c 点时，梯度结构非晶合金复合材料样品开始宏观屈服，具有更多枝状晶的第 10 层首先发生屈服。但是前几层仍然只发生弹性变形而没有观察到屈服现象。层状非晶合金复合材料的这种非同步变形行为可以通过显微硬度随拉伸应变的变化来证明。如图 3-59a 所示，第 10 层的显微硬度值在 c 点开始增加，而第 1~9 层的显微硬度值几乎保持不变。在这个阶段的第 10 层中，显微镜下观察其枝状晶和非晶基体的变形也是不同步的。较软的枝状晶首先发生塑性变形，而较硬的非晶基体则保持弹性变形。枝状晶和非晶基体之间的这种非协调变形可以通过图 3-61 的 c-1 和 c-2 得到证实。从图中可以发现枝状晶中存在位错，位错之间相互作用，从而导致加工硬化及枝状晶显微硬度的明显提高。相反，从这些 TEM 图像中看不到非晶基体中明显的结构变化。

当应变加至 d 点时，第 10 层中的枝状晶和非晶基体均发生塑性变形。这种变化可以在图 3-61 的 d-1 图像中看到。与 c 点相比，d 点更多的位错滑移发生在枝状晶内部，更多的位错聚集在枝状晶与非晶基体的界面处，导致了较大的应力集中。如图 3-61 的 d-1 所示，枝状晶和非晶基体之间的良好界面结合有效地将应力从枝状晶转移到非晶基体，导致靠近界面的非晶基体中产生剪切带。同时，第 9 层在此阶段开始塑性变形，并重复第 10 层的变形过程。

随着宏观拉伸应变增大到 e 点和 g 点，塑性变形通过相邻层不断传递。在第 e 点和 g 点阶段，第 10 层表面的 SEM 图像分别如图 3-61 的 e-1 和 g-1 图像所示。在样品表面可以观察到许多剪切带，大量剪切带进行扩展，但随后被枝状晶阻碍。分散的枝状晶在非晶基体中起到分割剪切带的作用，将高度局部化的剪切带分离并限制在较小的独立区域，如图 3-60 的 g 点图像所示。当塑性变形转移到枝状晶含量最少、抗剪切带扩展能力最弱的第 1 层时，多个剪切带聚集，演化为一个主要剪切带（图 3-61 的 i-1 图像）并最终扩展为裂纹（图 3-61 的 j-1 图像）。之后裂纹将通过梯度结构非晶合金复合材料样品从第 1 层逐渐扩展到第 10 层，如图 3-60 的 k 点图像所示。

4. 复合材料的强度 - 塑性机理

在梯度结构非晶合金复合材料中，一旦发生屈服，梯度结构非晶合金复合材料的拉伸应力 - 应变曲线则会首先显示出应变硬化阶段，随后是应变软化阶段。梯度结构复合材料的变形行为本质上是由枝状晶的应变诱导硬化和非晶基体的应变诱导软化之间的竞争控制的。在相对较低的应力作用下，枝状晶和非晶基体均发生弹性变形，导致宏观弹性变形行为。进一步加载后，当整个梯度结构复合材料试样开始宏观屈服时，较软的枝状晶首先屈服，而较硬的非晶基体仍经历弹性变形。枝状晶的塑性变形通常是通过位错滑移和堆积来实现的，从而对枝状晶起到了强化作用。当载荷达到临界应力时，非晶基体发生屈服并开始塑性变形。剪切带是非晶基体的塑性载体。由于所有的塑性变形都在这些狭窄的剪切带中高度局部化，剪切带区域经历了结构的剧烈变化，导致剪切膨胀。这将导致自由体积的跃迁及密度的显著降低，从而导致剪切带的显著软化。与位错导致应变硬化的枝状晶不同，一旦发生剪切带诱导的塑性变形，非晶基体在塑性变形过程中将变得更软。

在 Zr 基非晶合金复合材料中，枝状晶比非晶相更软，因此当拉伸载荷满足枝状晶屈服条件时，较软的枝状晶首先发生屈服，并开始位错滑移而发生塑性变形。枝状晶的变形受到类网状非晶基体的限制，导致枝状晶与非晶基体界面处产生应力集中。枝状晶与非晶基体界面处聚集了大量位错。当应力集中到一定程度时，非晶基体中会出现剪切带，一般始于界面处。较软的枝状晶可以吸收弹性能，消除界面附近的应力集中，延缓界面剪切带的形成。此外，对于具有梯度结构枝状晶成分的非晶合金复合材料，塑性变形开始于枝状晶较多的第 10 层，并在继续加载后逐渐扩展到枝状晶较少的第 1 层，因此软层将承受更多的塑性变形。当拉伸应变为 2% 时，硬度从第 1 层到第 8 层几乎保持不变，而第 10 层和第 9 层的硬度由于塑性变形而增加，这表明软层和硬层之间开始了变形分解作用。塑性变形从软层到硬层依次发生，并一直持续均匀延伸至末端。由于初始硬度梯度的存在，变形分解作用实际上是梯度结构非晶合金复合材料的固有特性。这种有序的塑性变形也显著地释放了枝状晶和非晶基体之间界面附近的应力集中，可以使得梯度结构复合材料中含有少量枝状晶的硬层与含有较多枝状晶的软层同步扩展，有利于塑性的增强。此外，当宏观拉伸变形超过一定限度时，会形成更多的剪切带，并迅速聚集成主要剪切带，最后在枝状晶含量最低，抗剪切带扩展能力最弱的第 1 层形成裂纹，裂纹将从第 1 层扩展到第 10 层。对于梯度结构非晶合金复合材料，塑性变形从第 10 层到第 1 层逐渐发生，随后是从第 1 层到第 10 层的断裂过程。这种往返过程有效地延迟了复合材料的灾难性失效，使其断裂总延伸率大幅提高。

位错滑移引起的枝状晶硬化和剪切带引起的非晶基体软化之间的竞争决定了梯度结构非晶合金复合材料的流动应力。第 10 层硬度先增加后逐渐降低，是因为在应力加载初期，只有枝状晶发生塑性变形，而非晶基体仍处于弹性变形状态。随后，位错诱导的枝状晶硬化逐渐增加了第 10 层的整体硬度。一旦非晶基体发生塑性变形，剪切带引起的软化将逐渐降低第 10 层的整体硬度。当软化效果超过硬化效果时，第 10 层的整体硬度呈下降趋势。此外，从第 10 层到第 1 层，枝状晶含量的逐渐降低使枝状晶的硬化效应减弱，但增强了非晶基体的软化效应。第 1 层枝状晶最少，不存在明显的应变硬化现象。相反，第 1 层的应变软化现象比第 10 层更多。枝状晶含量从第 10 层到第 1 层的逐渐变化导致了由应变硬化效应为主逐渐向应变软化效应为主的转变，因此对于整体的梯度结构非晶合金复合材料，以应变硬化效应为主的早期变形层使其在加载时的总流动应力增大。然而在应变软化效应大于应变硬化效应的临界状态下，随着应变的增加，整体流动应力开始下降，导致梯度结构非晶合金复合材料软化。

3.3 激光增材制造层状结构 Zr50/Ta 非晶合金复合材料

用激光增材制造制备的非晶合金虽然能够有效突破临界尺寸的限制，但是加工过程中不均匀的温度分布会导致严重的残余应力，同时凝固过程中产生的气孔周围会引发强烈的应力集中，残余应力超过非晶合金本身的强度便会形成裂纹缺陷，而裂纹的存在会严重损害材料的力学性能。因此抑制激光增材制造非晶合金的裂纹缺陷，是改善非晶合金性能并提高其应用前景的基础和前提。

本节以非晶形成能力较强的 Zr50Ti5Cu27Ni10Al8（以下简称 Zr50）非晶合金粉末为基础材料，通过调整激光功率、加入韧性相 Ta 等方式，对激光增材制造非晶合金过程中产生的裂纹进行抑制。使用 ABAQUS 软件分别对 Zr50 非晶合金和 Zr50/Ta 非晶合金复合材料的增材制造过程进行了温度场和应力场的有限元模拟，研究了熔池中的温度场和应力场变化，进而探索出裂纹被抑制的原因。然后改变韧性相 Ta 的加入量，利用激光增材制造技术制备了四组 Ta 含量不同的 Zr50/Ta 非晶合金复合材料，并对其相组成、微观组织和力学性能进行了测试，筛选出合适的成分，为下一步层状 Zr50/Ta 非晶合金复合材料的设计与制备提供理论基础。

制造软硬搭配的层状复合材料，可以实现高强度和良好塑性的理想配合。这种层状复合材料中的软层通常具有较强的塑性变形能力，能够延缓裂纹的扩展速度。而硬层具有高强度，会对软层的变形进行约束，从而使层状复合材料的整体具有较高强度。通过调控软层和硬层的搭配组合，有望制备出强度 - 塑性协同效应显著的层状非晶合金复合材料。基于四组 Ta 含量不同的 Zr50/Ta 非晶合金复合材料的研究结果，筛选出制备层状复合材料所需要的软层和硬层成分；利用激光增材制造技术制备了强度 - 塑性协同作用的层状非晶合金复合材料，所制备的样品具有典型的软硬搭配的层状结构。使用多种分析测试手段，研究了层状样品的微观组织和力学性能。

3.3.1　韧性相 Ta 对 Zr50 非晶合金的影响

非晶合金本身较低的断裂韧性和室温塑性也是激光增材制造制备非晶合金样品容易开裂的重要原因，所以提高非晶合金的室温塑性是解决裂纹缺陷的一个重要突破口。文献［69］中报道了在 Fe 基非晶合金中加入具有低屈服强度、高韧性的韧性相 Cu 和 CuNi 合金能够降低 3D 打印过程中的热应力，抑制微裂纹萌生。这种方法为制备无裂纹的非晶合金提供了全新的思路。金属 Ta 是一种屈服强度低，具有高热稳定性的韧性相，与 Zr50 非晶合金的热膨胀系数相近，且两者间的润湿性良好，所以选择金属 Ta 作为引入 Zr50 非晶合金的韧性相。

从图 3-62 可看出，金属 Ta 粉末为规则的球形，球形圆整良好，粉末粒径在 53~105μm 范围。从图 3-63 的 XRD 图谱中可看出 Ta 粉末显示出了晶体相（BCC）典型的尖锐晶体峰特征。

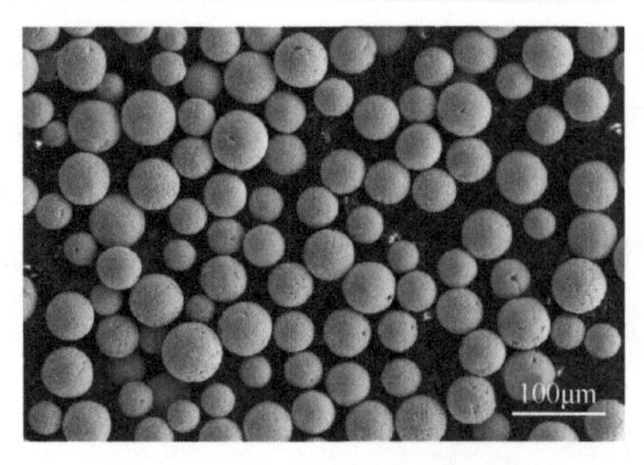

图 3-62　Ta 粉末的 SEM 图像

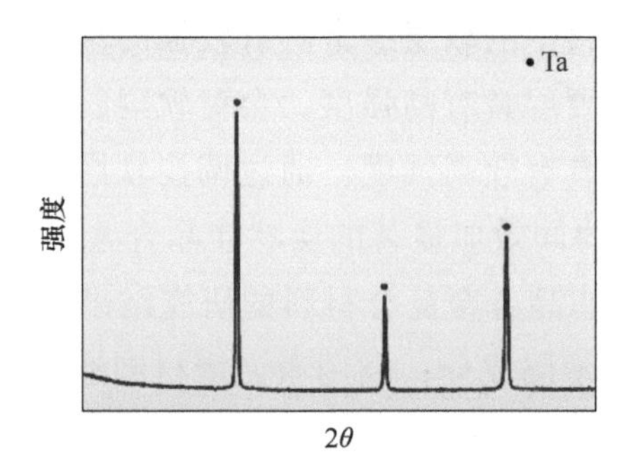

图 3-63　Ta 粉末的 XRD 图谱

1. Ta 含量对裂纹缺陷的影响

在 Zr50 非晶合金中加入韧性相 Ta，利用激光增材制造技术制备 Zr50/Ta 非晶合金复合材料。首先将两种金属粉末分别倒入两个送粉桶中，固定其他工艺参数不变，改变送粉转盘的转速，可以调整两种粉末的质量比例，详细工艺参数见表 3-12。

表 3-12　激光增材制造 Zr50/Ta 非晶合金复合材料的工艺参数

试验编号	激光功率 P/W	扫描速率 v/（mm/min）	Zr50 送粉速率 v_1/（g/min）	Ta 送粉速率 v_2/（g/min）	搭接率 λ（%）	光斑直径 D/mm
a	1200	600	8. 5	1. 5	30	3
b	1200	600	7	3	30	3
c	1200	600	5. 5	4. 5	30	3
d	1200	600	4	6	30	3

图 3-64 所示为在激光功率 P=1200W、扫描速率 v=600mm/min 条件下，增材制造 Zr50/Ta 非晶合金复合材料样品的宏观形貌。从图中可以看到，样品表

面平整光滑，与未加入韧性相 Ta 的 Zr50 非晶合金相比，加入 15%Ta（Ta 的含量百分数均指质量分数，后同）时，经过探伤处理的样品表面没有裂纹，继续增加韧性相 Ta 的含量，3D 打印出的样品依然没有裂纹产生，且成形质量良好。这可能是由于韧性相 Ta 的存在，降低了激光增材制造过程中产生的热应力，所以裂纹得到了抑制。

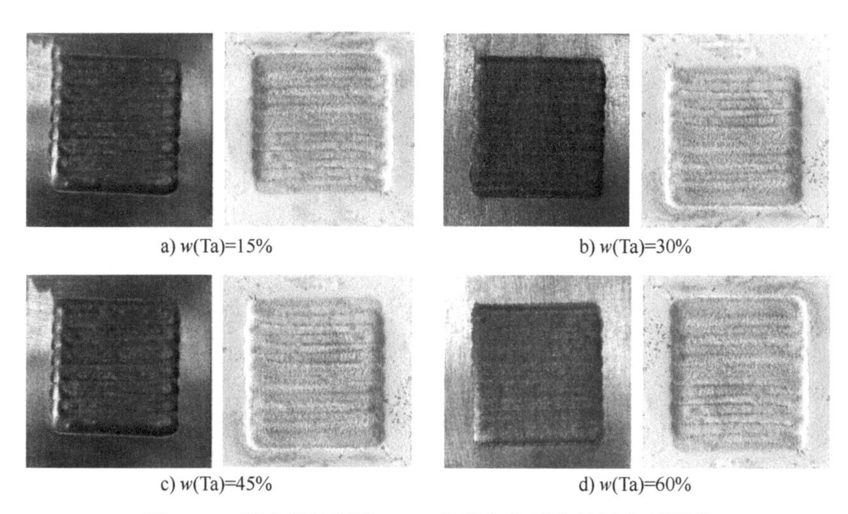

a) w(Ta)=15%　b) w(Ta)=30%

c) w(Ta)=45%　d) w(Ta)=60%

图 3-64　激光增材制造 Zr50 非晶合金复合材料宏观形貌

2. Ta 抑制裂纹缺陷的有限元模拟

为了分析裂纹被抑制的原因，利用 ABAQUS 有限元模拟软件对激光增材制造单道 Zr50 非晶合金及 Zr50/Ta 复合材料的过程进行了温度场和应力场模拟。首先编写 ABAQUS 中的用户子程序，实现 DFLUX 移动热源在工件上的加载，然后在 ABAQUS 的作业中提交热源模型，该热源模型由 Fortran 语言编写，之后进行温度场分析。

图 3-65 所示为垂直于激光移动方向的截面的温度场，其中灰色部分为超过液相线温度而熔化的部分，从红色到黄色再到绿色区域温度依次降低。从图中可以看到基板熔化的宽度与单道熔化沉积部分宽度相等，说明激光能量使基板熔化形成熔池的同时，熔池的热量使单道沉积部分熔化。

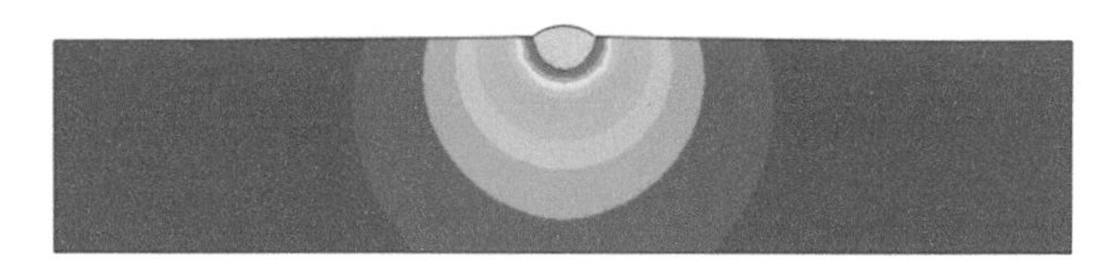

图 3-65　垂直于激光移动方向的截面的温度场

选择工艺参数 P=1200W、v=600 mm/min 为模型。图 3-66 所示为不同时刻激光增材制造单道 Zr50 非晶合金的单点温度场。从图中可以看到，灰色区域最高温度达到了 2176K，能够将液相线温度为 1130K 的 Zr50 非晶粉末完全熔化。激光光斑中心的热量相对集中，在 0.5s 左右合金粉末开始熔化，热量沿激光前进方向向整个基板传递，5s 左右激光扫描完毕，加热过程结束。

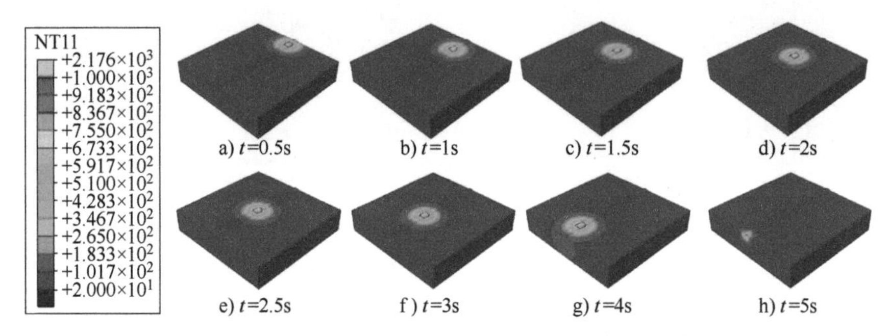

图 3-66　不同时刻激光增材制造单道 Zr50 非晶合金的单点温度场

同样选择工艺参数 P=1200W、v=600mm/min 为模型。图 3-67 显示了不同时刻激光增材制造 w（Ta）=15% 的单道 Zr50/Ta 非晶合金复合材料的单点温度场。从图中可以看出，灰色区域最高温度为 2097 K，其中 Zr50 非晶粉末的液相线温度为 1130K，Ta 粉末的熔点为 3269K，因此灰色区域温度能够使 Zr50 非晶粉末完全熔化，却不能使 Ta 粉末完全熔化。由于 Ta 粉末的微颗粒边缘对激光能量的吸收率更高，因此 Ta 粉末会有边缘少部分熔化，大部分区域未被熔化。在 0.5s 左右合金粉末开始熔化，热量沿激光前进方向向整个基板传递，5s 左右激光扫描完毕，加热过程结束。

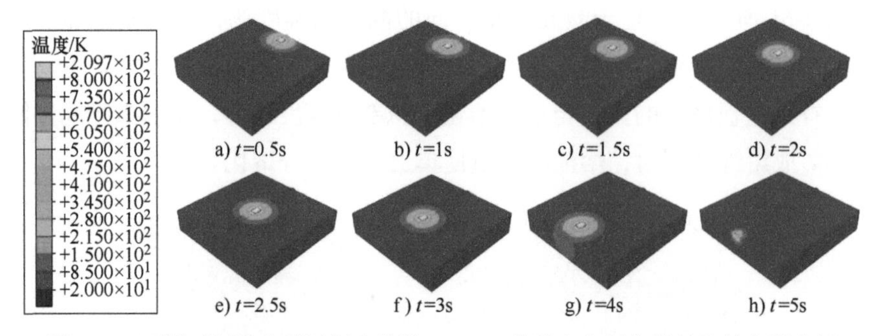

图 3-67　不同时刻激光增材制造单道 Zr50/Ta 非晶合金复合材料的单点温度场

图 3-68 所示为不同时刻激光增材制造单道 Zr50 非晶合金的应力场。从图中可以观察到，在 0.5s 左右合金粉末开始熔化，高能的激光束与粉末短暂接触后快速离开，极快的相互作用导致材料的体积迅速变化，因此产生热应力。3D 打印过程中合金粉末受热不均，导致热应力大小分布不均匀，过程中热应力最大值达到了 2.3GPa，远超过 Zr50 非晶合金的抗压强度（1.7GPa 左右）。在 5s 左右激光扫描完毕，加热过程结束。图 3-69 所示为激光增材制造单道 Zr50 非晶合金及其复合材料的残余应力分布曲线，从 w（Ta）=0% 的曲线中可以看出，单道熔覆层的残余应力分布不均，最大的残余应力值仍高达 2.18GPa，说明 3D 打印过程中的热应力过大，超过材料的抗压强度，直接导致样品开裂，样品打印结束后仍保留了较高的残余应力，使裂纹不断扩展。从 w（Ta）=15% 的曲线中可以看出，单道熔覆层的残余应力分布不均，最大的残余应力为 875MPa，说明韧性相 Ta 有效吸收了热应力，抑制了裂纹的产生。

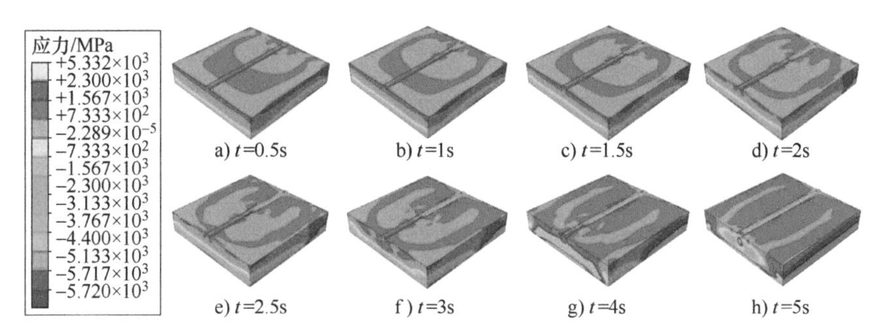

图 3-68　不同时刻激光增材制造单道 Zr50 非晶合金的单点应力场

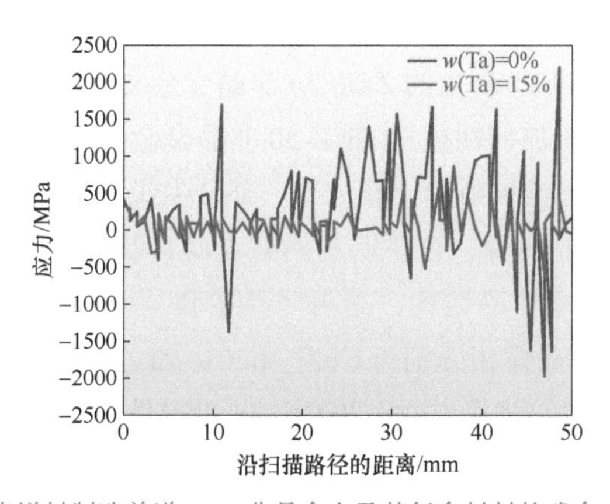

图 3-69　激光增材制造单道 Zr50 非晶合金及其复合材料的残余应力分布曲线

图 3-70 显示了不同时刻激光增材制造 w（Ta）=15% 的单道 Zr50/Ta 非晶合金复合材料的单点应力场。从图中可以观察到，同样在 0.5s 左右合金粉末开始熔化，过程中热应力也表现出不均匀分布，但热应力值明显下降，最大值仅 1.1GPa，远低于 Zr50 非晶合金的抗压强度。在 5s 左右激光扫描完毕，加热过程结束。

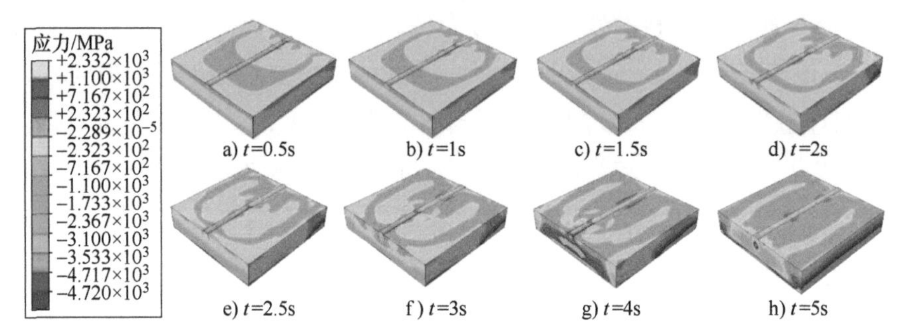

图 3-70　不同时刻激光增材制造 w（Ta）=15% 的单道 Zr50/Ta 非晶合金复合材料的单点应力场

有限元模拟结果表明，激光增材制造过程中产生的巨大热应力是导致 Zr50 非晶合金样品开裂的重要原因，加入韧性相 Ta 能够有效降低热应力，抑制裂纹的萌生。裂纹缺陷的消除，保证了激光增材制造不同 Ta 含量的 Zr50/Ta 非晶合金复合材料的力学性能，为接下来层状 Zr50/Ta 非晶合金复合材料的制备提供了重要基础。

3. Ta 含量对相结构的影响

为进一步了解物相结构，对样品进行了 XRD 测试，图 3-71 所示为纯 Ta 和激光增材制造不同 Ta 含量的 Zr50/Ta 非晶合金复合材料的 XRD 图谱。从中可以看出，在不添加韧性相 Ta 的 Zr50 非晶合金中，出现了较宽的非晶态漫散射峰，在非晶态漫散射峰上叠加着一部分尖锐的晶体衍射峰，在其他角度也出现了少量的晶体峰，这说明利用激光增材制造技术制备的 Zr50 非晶合金样品并不是完全非晶结构，是由非晶相和晶体相组成的混合物。通过 Jade6 软件分析可知晶体相分别为 $CuZr_2$ 和 $Cu_{10}Zr_7$。当加入 15%Ta 时，在非晶的漫散射峰上同样出现了 $CuZr_2$ 和 $Cu_{10}Zr_7$ 的晶体峰，此外，还出现了强度很高的新晶体峰，这个晶体峰与纯 Ta 的晶体峰一致，说明添加的韧性相 Ta 保持了自身的晶体结构，没有和 Zr 基非晶基体中的元素发生化学反应。继续提高韧性相 Ta 的加入量，没有其他新的晶体衍射峰出现，晶体相尖锐衍射峰增强，漫散射峰减弱，说明随着晶体相 Ta 含量的逐渐增加，非晶相含量逐渐减少。

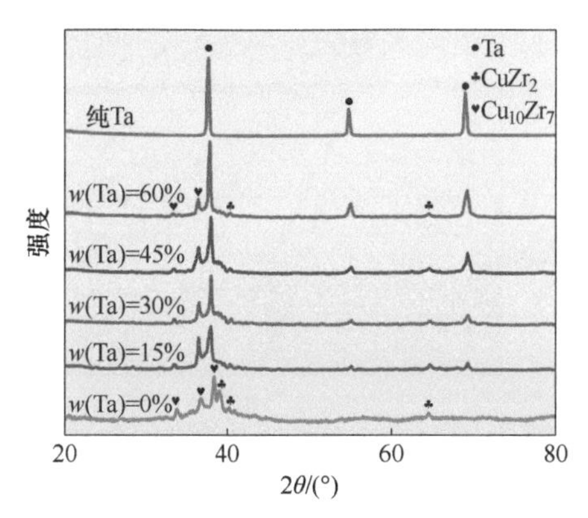

图 3-71　纯 Ta 和激光增材制造不同 Ta 含量的 Zr50/Ta 非晶合金复合材料的 XRD 图谱

4. Ta 含量对微观组织的影响

图 3-72 所示为激光增材制造 Zr50 非晶合金和 Zr50/Ta 非晶合金复合材料的 SEM 图像。从图 3-72a 中可以看到大块的浅灰色熔池被狭窄的暗灰色热影响区所包围，这种独特的微观组织与激光增材制造错综复杂的热过程紧密相关。在激光加工过程中，激光的光斑照射到非晶合金粉末表面将粉末熔化，形成移动熔池。逐层打印的制造过程会产生严重的热量积累，熔池下方区域会受到上面熔覆层热量积累的影响，形成热影响区。

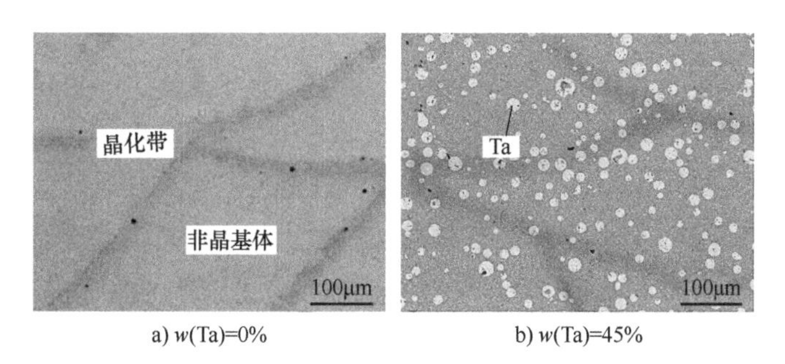

a) w(Ta)=0%　　b) w(Ta)=45%

图 3-72　激光增材制造 Zr50 非晶合金和 Zr50/Ta 非晶合金复合材料的 SEM 图像

图 3-73 给出了激光增材制造过程非晶合金的时间 - 温度 - 相变（TTT）图，从中可以观察到，非晶合金加热和冷却过程中发生晶化的区域明显不对称，说

明非晶合金晶化临界冷却速率 v_{cc} 和临界加热速率 v_{hc} 差别很大。

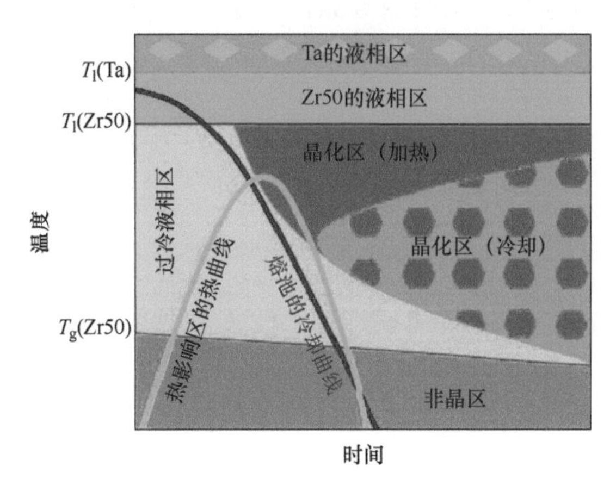

图 3-73　非晶合金的时间 - 温度 - 相变（TTT）图

图 3-73 中暗红色曲线为熔池的温度 - 时间曲线，在冷却过程中没有与晶化区发生接触，所以熔池中形成的是非晶结构，即图 3-72a 中的浅灰色区域。图 3-73 中绿色曲线为热影响区的温度 - 时间曲线，在加热过程中与结晶区发生了部分重叠，说明热影响区中的加热速率低于晶化临界加热速率，因此热影响区中形成的是晶体结构，即图 3-72a 中的暗灰色条带。热影响区中的相组织受到相邻熔池转移热量的控制，析出的晶体相为脆性相，强度和脆性通常都比非晶基体高。图 3-72b 中的微观组织主要也是由浅灰色的熔池和暗灰色的热影响区组成，不同的是有大量白色的球形晶体相均匀地分布于熔池和热影响区中，其尺寸大小为 45~105μm。由于晶体 Ta 的原子序数比 Zr50 非晶基体成分的平均原子序数大，对电子有更强的背散射能力，所以确定图 3-72b 中白色的球形晶体相为 Ta。

图 3-74 显示了激光增材制造不同 Ta 含量的 Zr50/Ta 非晶合金复合材料的微观组织。图 3-74a、c、e 和 g 分别为加入 15%Ta、30%Ta、45%Ta 和 60%Ta 的 Zr50/Ta 非晶合金复合材料的低倍微观组织。从图中可以看出，白色的球形晶体相 Ta 均匀分布在非晶基体上，加入的 Ta 越多，非晶基体上的晶体 Ta 的数量也越多。图 3-74b、d、f 和 h 分别是图 3-74a、c、e 和 g 的非晶基体和韧性相 Ta 的界面处的微观组织，从中能够观察到清晰的界面结合，界面左侧的白色半圆区域为晶体相 Ta，右侧灰色区域为非晶基体，其间还分布着很多小尺寸的白色晶体相。随着韧性相 Ta 含量的增加，界面析出的小尺寸的白色晶

体相也逐渐增加。当加入 15%Ta、30%Ta 时，非晶基体中形成了不规则的小尺寸的白色晶体相，如图 3-74b、d 所示，当韧性相 Ta 的加入量增加到 45% 和 60% 时，在非晶基体上发现了枝状晶的小尺寸晶体相，如图 3-74f、h 所示。当大量第二相粉末加入非晶基体中后，由于粉末数量多，散热相对缓慢，粉末间的相互作用降低了冷却速度，为新生晶体相的形核长大提供了更充足的时间，因此在加入 45%Ta、60%Ta 的非晶复合材料中，析出的小尺寸晶体相生长得更粗大。

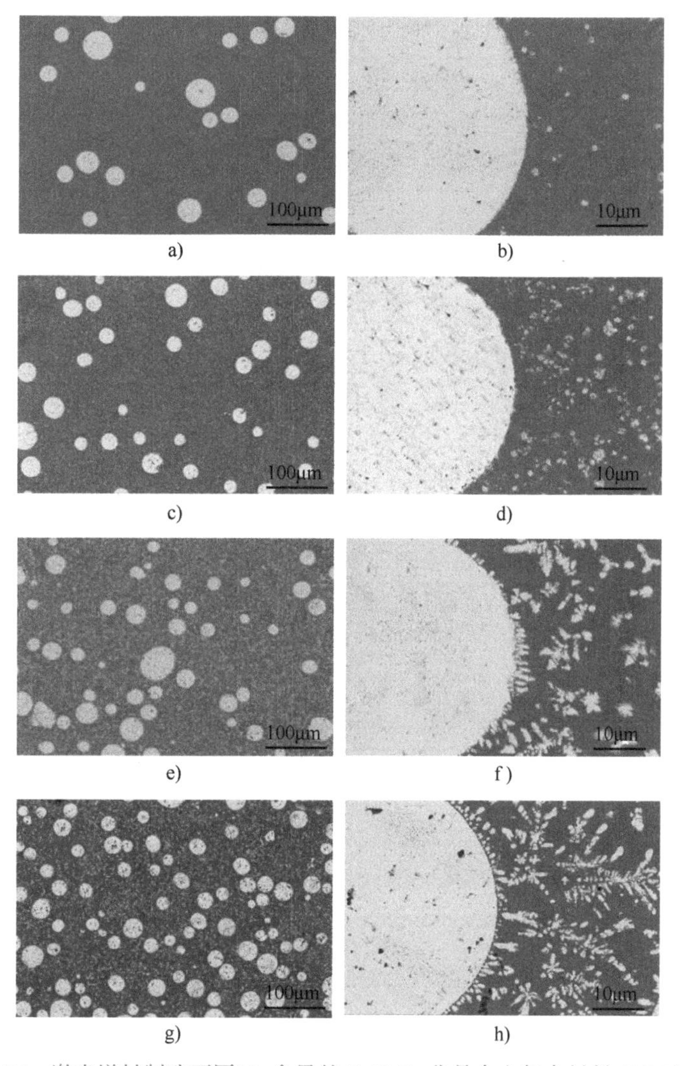

图 3-74　激光增材制造不同 Ta 含量的 Zr50/Ta 非晶合金复合材料 SEM 图像

为了进一步确认小尺寸晶体相的成分，对 Zr50/Ta 非晶复合材料中的小尺寸枝状晶进行了 EDS 检测分析，如图 3-75 所示。从检测结果可以清楚地观察到，在小尺寸枝状晶内主要富集的是 Ta 元素，还存在少量的其他元素。非晶基体内的元素分布主要是 Zr50 非晶合金的组成元素，也包含了少量 Ta 元素。一方面，由于熔融态的非晶合金液体具有很高的黏度，流动扩散速度缓慢，同时激光增材制造的加热和冷却过程速度极快，所以凝固成形后，样品中组成非晶合金的元素分布较为均匀，不会发生元素偏析。另一方面，金属 Ta 不与非晶基体发生化学反应，因此不会破坏非晶合金原有的组成成分，有利于非晶结构的形成。

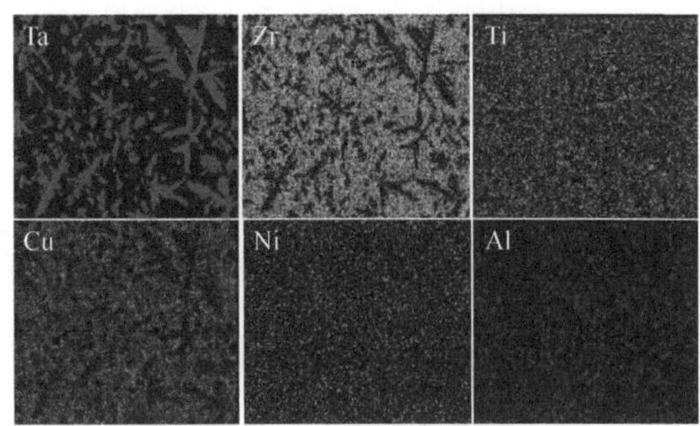

图 3-75 激光增材制造 Zr50/Ta 非晶合金复合材料 EDS 图像

图 3-76 所示为对小尺寸枝状晶的 EDS 线扫描图像。从图中可以看到，非晶基体和枝状晶内的元素分布比较平缓，没有明显波动。但在非晶基体和枝状晶界面处元素发生了突变，波动最大的是 Ta 元素和 Zr 元素。

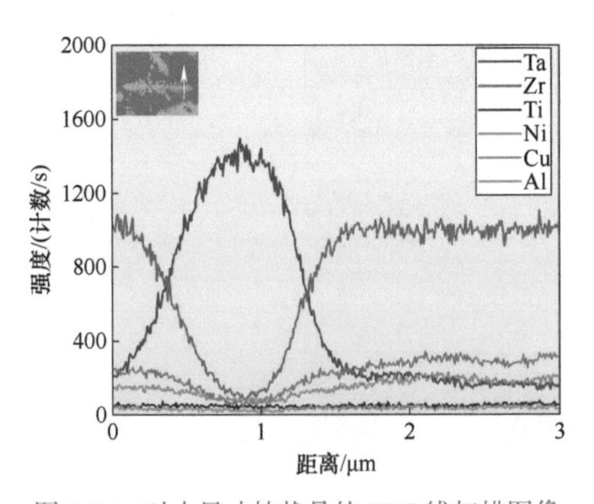

图 3-76 对小尺寸枝状晶的 EDS 线扫描图像

综合上述分析可以确认，小尺寸枝状晶中主要存在 Ta 元素和少量的 Zr 元素，为富 Ta 固溶体。

5. Ta 含量对力学性能的影响

Zr50 非晶合金具有高强度、高硬度和室温脆性的力学性能特点，而韧性相 Ta 的屈服强度低，断裂韧性好。在脆性的 Zr50 非晶合金中加入韧性相 Ta 能够制备出塑性较高的 Zr50/Ta 非晶合金复合材料，改变韧性相 Ta 的质量分数，能够对 Zr50/Ta 非晶合金复合材料的硬度实现调控。理论上讲，韧性相 Ta 加入得越多，复合材料越软。为了确认这一想法，对激光增材制造制备的 Zr50/Ta 非晶合金复合材料进行了室温显微硬度测试。

图 3-77 所示为激光增材制造 Zr50/Ta 非晶合金复合材料的显微硬度。从图中可以看出，激光增材制造的 Zr50 非晶合金的硬度很高，可以达到 552HV ± 8HV。随着韧性相 Ta 的加入量逐渐增多，Zr50/Ta 非晶合金复合材料的硬度逐渐下降，当加入 60% 韧性相 Ta 时，Zr50/Ta 非晶复合材料的硬度仅为 283HV ± 10HV。说明韧性相的含量能够有效地对非晶合金复合材料的硬度进行调控。

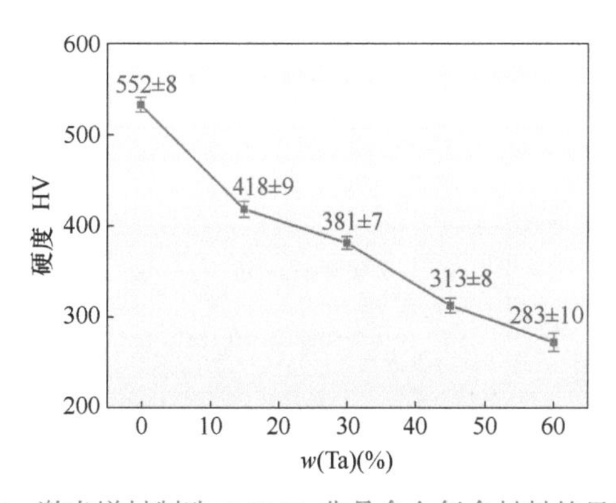

图 3-77　激光增材制造 Zr50/Ta 非晶合金复合材料的显微硬度

为了验证韧性相 Ta 能否对 Zr50 非晶合金的塑性进行改善，对激光增材制造 Zr50/Ta 非晶合金复合材料进行了室温压缩性能测试，表 3-13 中列出了由压缩应力 - 应变曲线得到的压缩性能参数，图 3-78 显示了压缩应力 - 应变曲线。激光增材制造 Zr50 非晶合金表现出了 1710MPa ± 15MPa 的高压缩屈服强度，但几乎没有塑性。随着 Ta 含量的增加，Zr50/Ta 非晶合金复合材料的塑性逐渐提高，压缩屈服强度逐渐下降。在加入 60% 的韧性相

Ta 时，复合材料的压缩延伸率提高到了 3.4% ± 0.2%，但压缩屈服强度仅为 826MPa ± 11MPa。由此可见，尽管加入韧性相 Ta 在一定程度上可以提高塑性，但 Zr50/Ta 非晶合金复合材料的强度却显著下降，没能突破材料强度 - 塑性相互掣肘的瓶颈，因此需要设计一种新的结构来实现非晶合金复合材料强度和塑性的平衡。

表 3-13　激光增材制造 Zr50/Ta 非晶合金复合材料室温压缩性能

样品	压缩弹性模量 E/GPa	压缩屈服强度 R_{ec}/MPa	抗压强度 R_{mc}/MPa	总压缩应变 ε_c（%）
Zr50 非晶合金	89+4	1710 ± 15	1710 ± 13	1.6 ± 0.1
Zr50 非晶合金 + 15%Ta	104 ± 2	1310 ± 18	1340 ± 10	1.8 ± 0.1
Zr50 非晶合金 + 30%Ta	120 ± 3	1179 ± 13	1190 ± 10	1.9 ± 0.1
Zr50 非晶合金 + 45%Ta	134 ± 2	971 ± 10	1005 ± 20	2.9 ± 0.2
Zr50 非晶合金 + 60%Ta	148 ± 3	826 ± 11	835 ± 10	3.4 ± 0.2

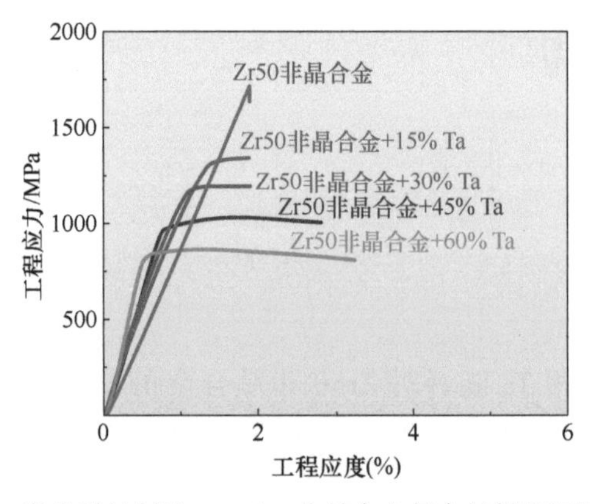

图 3-78　激光增材制造 Zr50/Ta 非晶合金复合材料室温压缩曲线

通过脆性（硬）层来限制塑性（软）层，制造软硬搭配的层状复合材料，可以实现高强度和良好塑性的理想配合。这种层状复合材料中的软层通常具有较强的塑性变形能力，能够降低裂纹的扩展速度。而硬层具有高强度，会对软层的变形进行约束，从而使层状复合材料的整体具有较高强度。通过调控软层和硬层的搭配组合，有望制备出强度 - 塑性协同效应显著的层状非晶合金复合材料。

3.3.2　层状结构 Zr50/Ta 非晶合金复合材料的结构设计与增材制造

在非晶合金中引入韧性相制备非晶合金复合材料是一种常见的增韧手段，但是在强度方面往往会大打折扣。为了提高非晶合金复合材料的强度，同时兼具优良塑性，尝试设计了多组软硬层组合的层状结构。根据上节中激光增材制造 Zr50/Ta 非晶合金复合材料力学性能的测试结果，选择硬度较高（418HV ± 9HV）含有 15%Ta 的 Zr50/Ta 非晶合金复合材料作为硬层材料，选择硬度较低含有 30%Ta、45%Ta 和 60%Ta 的 Zr50/Ta 非晶合金复合材料作为软层材料，将这三个成分的软层材料分别与硬层材料进行两两组合，层状结构 Zr50/Ta 非晶合金复合材料的结构如图 3-79 所示。

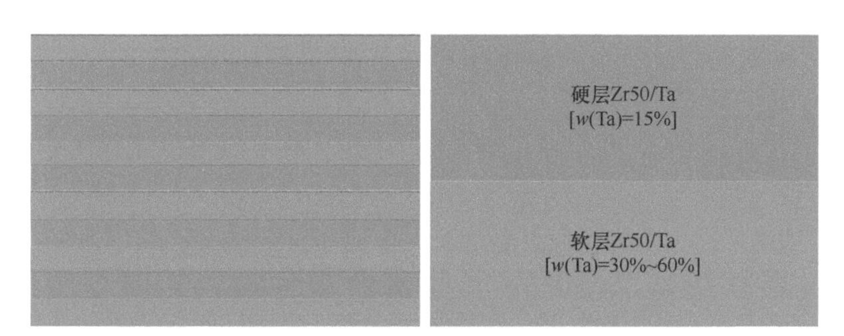

图 3-79　层状结构 Zr50/Ta 非晶合金复合材料的结构示意图

根据预先设计的层状结构，以 702Zr 为基板，激光功率 1200W，扫描速率 600mm/min，光斑直径 3mm，送气量 300L/min，每打印完一层后等待一分钟，让打印层有足够的冷却时间，减少热量积累，然后再继续打印，直到最后一层打印结束。图 3-80 显示了打印得到的三组 11 层大尺寸样品。从样品的宏观形貌可以看出，样品表面金属光泽度高，成形质量好，无明显氧化，且层间单道明显，经过探伤处理后没有观察到裂纹缺陷。

a) 15% Ta+30% Ta

b) 15% Ta+45% Ta

c)15% Ta+60% Ta

图 3-80　激光增材制造大尺寸层状结构 Zr50/Ta 非晶合金复合材料的宏观形貌

3.3.3　层状结构 Zr50/Ta 非晶合金复合材料的微观组织

图 3-81 显示了激光增材制造的大尺寸层状结构 Zr50/Ta 非晶合金复合材料的微观组织。图 3-81a、d 和 g 分别为 15%Ta + 30%Ta 组合、15%Ta + 45%Ta 组合和 15%Ta + 60%Ta 组合的层状结构 Zr50/Ta 非晶复合材料的低倍微观组织。从中可以观察到，三组层状材料都出现了较为明显的分层结构，微观组织主要由浅灰色的熔池和暗灰色的热影响区组成，白色的球形 Ta 均匀分布于熔池和热影响区中。图 3-81g 显示软层中的球形 Ta 少量渗入硬层中，这是由于 Ta 原子的相对原子质量较大，加入的 Ta 较多时，会出现少量

沉淀，渗入下层中。图 3-81b、e 和 h 分别是图 3-81a、d 和 g 中硬层微观组织的放大，可以看出非晶基体上均匀分布着少量不规则形状的小尺寸 Ta。图 3-81c、f 和 i 分别为 3-81a、d 和 g 中软层微观组织的放大。在图 3-81c 中，非晶基体上均匀分布着不规则形状的小尺寸 Ta，图 3-81f、i 中显示了在非晶基体上分布着大量 Ta 的小尺寸枝状晶。综上所述，层状结构 Zr50/Ta 非晶合金复合材料中的微观组织与均质 Zr50/Ta 非晶合金复合材料的微观组织相一致。

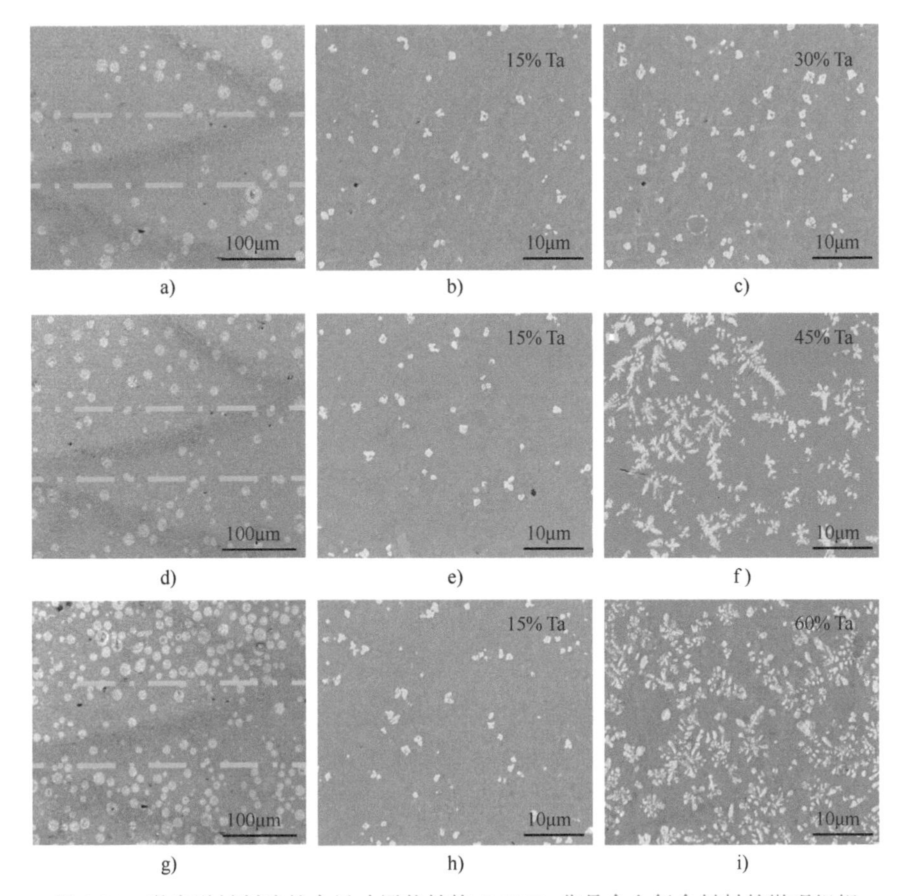

图 3-81 激光增材制造的大尺寸层状结构 Zr50/Ta 非晶合金复合材料的微观组织

通过透射电子显微镜（TEM）观察了 15%Ta + 45%Ta 组合的层状结构 Zr50/Ta 非晶合金复合材料，非晶基体与晶体相 Ta 界面处的高分辨图像如图 3-82a 所示。其中插图显示了非晶基体与晶体 Ta 的选区电子衍射图像。晶体 Ta 的衍射图像显示出了 BCC 结构，而非晶基体的衍射图像则显示出宽泛而弥散的圆环，表明为典型的非晶结构。图 3-82b 所示为热影响区中的明场图像，选区电子衍射图像由衍射斑点和圆环组成，表明形成了纳米级别的晶体相，将选区电子衍射计算出的平面间距与 JCPDS 数据库获得的间距进行比较，确定了纳米晶体相为 $CuZr_2$ 相和 $Cu_{10}Zr_7$ 相。这与均质的 Zr50/Ta 非晶合金复合材料 XRD（图 3-71）测得的相结构相吻合。

a) b)

图 3-82 激光增材制造的层状结构 Zr50/Ta 非晶合金复合材料样品的 TEM 图像

3.3.4 层状结构 Zr50/Ta 非晶合金复合材料的力学性能

1. 室温压缩性能

为了进一步研究大尺寸层状结构 Zr50/Ta 非晶合金复合材料的力学行为，对样品进行了室温压缩性能测试。三组层状结构 Zr50/Ta 非晶合金复合材料的室温压缩曲线如图 3-83 所示。图中还显示了激光增材制造制备的大尺寸 Zr50 非晶合金（Zr50BMG）的压缩曲线，便于进行比较。从曲线中可以看出，15%Ta+30%Ta 组合的层状结构复合材料屈服强度达到了 1320MPa ± 15MPa，但压缩延伸率不足 2% ± 0.1%，塑性很差。而 15%Ta+60%Ta 组合的层状结构复合材料表现出了 4.3% ± 0.2% 的压缩延伸率，但屈服强度仅为 1050MPa ± 12MPa。15%Ta+45%Ta 组合的强度和塑性配合最好，屈服强度为 1200MPa ± 10MPa，压缩延伸率为 4.1% ± 0.1%。

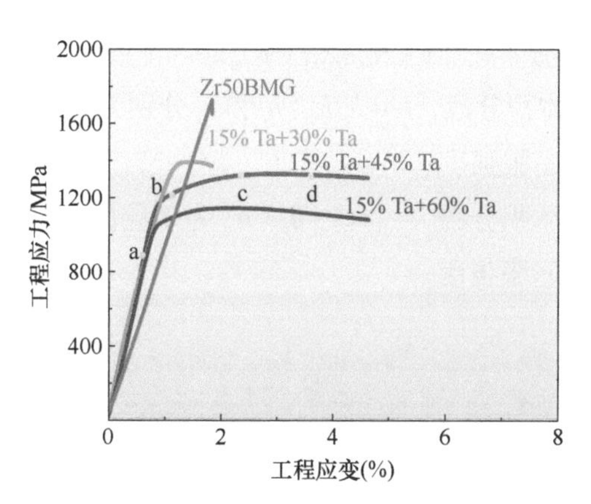

图 3-83　激光增材制造的大尺寸层状结构 Zr50/Ta 非晶合金复合材料室温压缩曲线

断口形貌是分析材料力学性能的有效手段，根据材料断裂时变形量的大小，非晶合金复合材料的断裂机制主要分为塑性断裂和脆性断裂两种。图 3-84 展示了 3 组层状结构 Zr50/Ta 非晶复合材料的压缩断口微观形貌，其中图 3-84a、b 为 15%Ta + 30%Ta 组合的断口形貌；图 3-84c、d 为 15%Ta+45%Ta 组合的断口形貌；图 3-84e、f 为 15%Ta + 60%Ta 组合的断口形貌。从中可以发现，3 组层状结构复合材料的断口形貌比较粗糙，均不存在韧窝形貌，表现为脆性断裂。这种复合材料的粗糙断口形貌是在压缩过程中剪切带与枝状晶之间强烈的相互作用所引起的，且断口形貌越粗糙，复合材料的塑性相对越好。在这 3 组层状结构非晶合金复合材料中，15%Ta + 30%Ta 组合的断口形貌相对光滑，塑性较差；15%Ta + 45%Ta 组合与 15%Ta+60%Ta 组合的层状结构复合材料的断口形貌相对粗糙，塑性较好，这与之前压缩试验的结果相符。在层状结构 Zr50/Ta 非晶合金复合材料中，软层和硬层分别是塑性和强度的主要贡献者，所以 3 组层状结构复合材料的塑性差异主要与提供塑性的软层有关。从图 3-83 中可以看出各组软层的塑性，含有 30%Ta 的 Zr50/Ta 非晶复合材料的延伸率仅为 1.9% ± 0.1%，而含 45%Ta 和 60%Ta 的 Zr50/Ta 非晶复合材料的延伸率分别为 2.9% ± 0.2% 和 3.4% ± 0.2%，因此含有 45%Ta 和 60%Ta 的软层在层状复合材料中可以提供更大的塑性。

根据压缩结果，推测整个层状结构非晶复合材料屈服强度的提高可能是由于软层和硬层平均屈服强度的增加。为了验证这一猜想，选取了强度塑性配合最佳的 15%Ta+45%Ta 组合为代表，利用混合物规则（ROM）估算了层状复合材料的平均屈服强度[70]

$$R_{ea}=R_i v_i+R_{em} v_m \tag{3-8}$$

式中　v_i——软层的体积分数，$v_i \approx h_i/h_t$（h_i 和 h_t 分别为软层和整体样品的厚度）；

R_i——软层的屈服强度；

v_m——硬层的体积分数，$v_m \approx h_m/h_t$（h_m 为硬层的厚度）；

R_{em}——硬层的屈服强度。

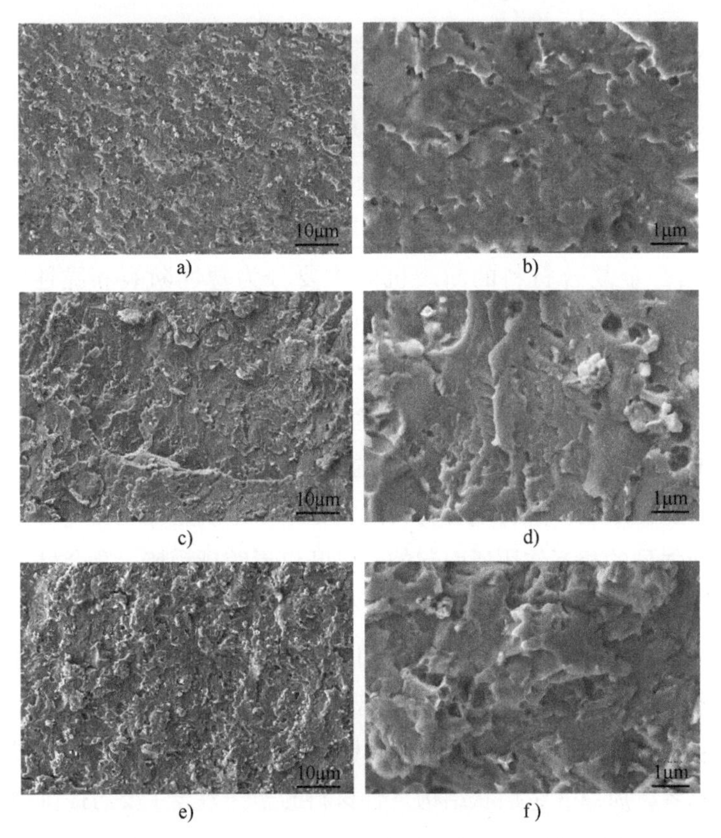

图 3-84　激光增材制造层状结构 Zr50/Ta 非晶合金复合材料压缩断口微观形貌

通过 ROM 计算可知，15%Ta+45%Ta 组合层状复合材料的压缩屈服强度为 1120MPa，实际测量出的压缩屈服强度为 1200MPa ± 10MPa（图 3-83）。而含有 45%Ta 的 Zr50/Ta 非晶合金复合材料的压缩屈服强度是 971MPa ± 10MPa（图 3-78）。上述结果表明，设计层状结构确实有利于材料整体屈服强度的提高，但仍低于实际测量值，说明 ROM 不足以估算层状结构复合材料的屈服强度。这是由于 ROM 有一个理想的假设，层间不存在相互作用，或具有可忽略不计的弱相互作用。相邻软、硬层之间强烈的相互约束可能会导致屈服强度测量值的增加。

2. 形变过程及微观结构演化

为了进一步分析层状结构 Zr50/Ta 非晶合金复合材料的强度 - 塑性变化机理，对强度 - 塑性配合最佳的 15%Ta+45%Ta 组合的非晶合金复合材料的压缩形变过程进行了深入研究。图 3-85 所示为层状结构 Zr50/Ta 非晶合金复合材料的压缩变形过程中的微观结构演化，分别对应于图 3-83 室温压缩应力 - 应变曲线上的 a~d 点。变形过程中典型区域的微观结构如图 3-86 所示。

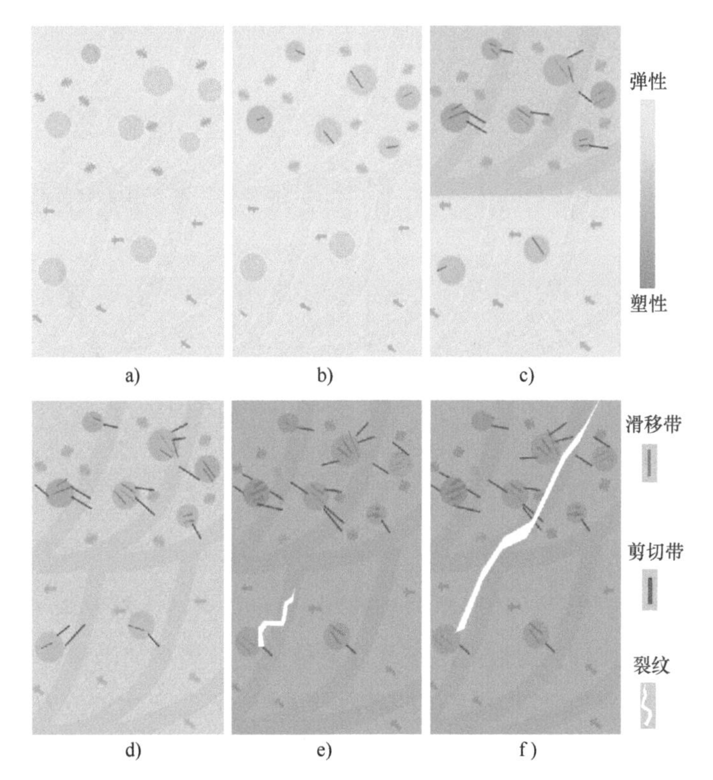

图 3-85　层状结构 Zr50/Ta 非晶合金复合材料压缩变形过程中的微观结构演化

在弹性变形阶段（a 点），软层和硬层中较软的韧性相 Ta 和较硬的非晶基体都保持弹性变形，如图 3-85a 所示。图 3-86a 显示了图 3-85a 中 Ta 颗粒与 Zr50 非晶基体的典型界面结构，亮区为韧性相 Ta，暗区为非晶基体，在晶体 Ta 颗粒中没有滑移带出现，在非晶基体中没有剪切带出现，界面结合良好。

压力增加到 b 点时，层状结构非晶合金复合材料开始发生塑性变形，其中具有更多韧性相 Ta 的软层首先发生屈服，如图 3-85b 所示，而 Ta 较少的硬层依然保持弹性变形，没有发生屈服。在这个阶段，软层中韧性相 Ta 和非晶基体的变形是非同步的。较软的韧性相 Ta 率先开始塑性变形，球形 Ta 中出现滑移带，而较硬的非晶基体没有发生变化，继续保持弹性变形。韧性相 Ta 和非晶基体之间的这种不同步变形在图 3-86b 中有所显示。从图中可以发现，球形 Ta 中产生少量细小的滑移带，而非晶基体中没有表现出明显的结构变化。

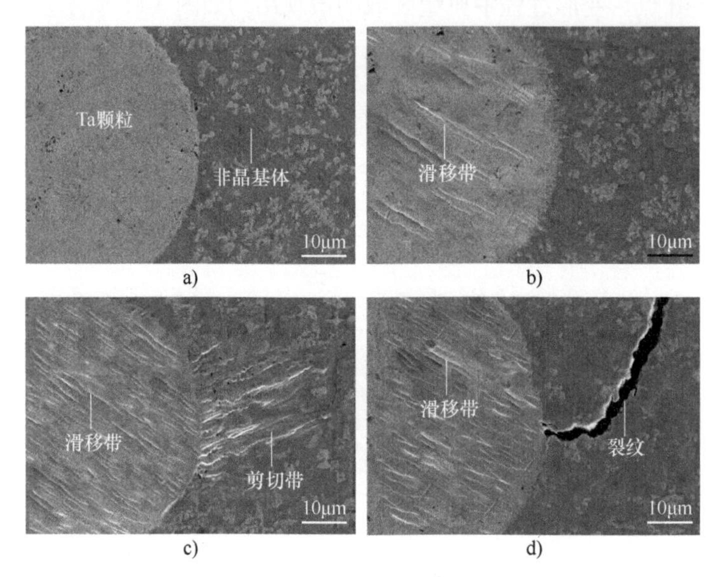

图 3-86　层状结构 Zr50/Ta 非晶合金复合材料压缩变形过程中典型区域的微观结构

将压力加至 c 点时，软层中的韧性相 Ta 和非晶基体都发生了塑性变形。相比于 b 点，c 点时的韧性相 Ta 被非晶基体限制，更多的滑移带出现在球形 Ta 内部，并在球形 Ta 与非晶基体的界面处堆积，产生极大的应力集中。球形 Ta 和非晶基体之间的良好界面结合把应力集中有效地转移到非晶基体内，促使界面附近的非晶基体产生剪切带，如图 3-85c 所示。其对应的 SEM 结果如图 3-86c 所示，可以观察到球形 Ta 上的变形更剧烈，在非晶基体中产生了大量剪切带，分散在非晶基体上的小尺寸 Ta 起到阻隔作用，将高度局域化的剪切带分离并限制为孤立的小区域。在此阶段，Ta 含量较少的硬层也开始发生塑性变形，并重复软层中的变形过程，如图 3-85d 所示。

随着宏观压缩进一步增大到 d 点，如图 3-85e 所示，软层和硬层的塑性变形进一步加剧。由于硬层中韧性相 Ta 含量少，抗剪切带扩展的能力弱，非晶基体中的剪切带会迅速聚集，最终发展成裂纹，图 3-86d 显示了裂纹的典型结构，非晶基体中裂纹的扩展受到小尺寸 Ta 枝状晶的阻碍，发生了偏转或绕过。裂纹由硬层扩展到软层时，还受到了软层的阻碍，但没能彻底限制，最终扩展到整个试样，造成断裂，如图 3-85f 所示。

从上述形变过程可以发现，在层状结构 Zr50/Ta 非晶复合材料的单层中，韧性相 Ta 和非晶基体的变形是不同步的，大尺寸的球形 Ta 在变形过程中承担塑性变形，而小尺寸的枝状晶 Ta 通过阻碍剪切带和裂纹的扩展来改善非晶基体的塑性。软层和硬层的变形过程也是非同步的，Ta 含量较多的软层先开始发生塑性变形，而 Ta 含量较少的硬层的变形程度要弱于软层，软、硬层间产生了明显的机械不协调变形，为了保持变形的连续性，软、硬层之间的相互作用被激活，导致界面附近通过堆积更多的几何必需位错产生应变梯度来协调变形。层间界面附近的位错累积会使软层中位错滑移变得困难，直到相邻软层在较大应变下屈服，从而产生了超出 ROM 预测的额外强化作用。此外，软层和硬层的断裂过程也是异步的，塑性较差的硬层先开始断裂，裂纹由硬层扩展到软层，具有良好塑性的软层会降低裂纹的扩展速度，有效释放应力集中，避免材料过早断裂失效，从而提高了层状结构复合材料的整体塑性。

第 4 章 激光增材制造 Fe 基非晶合金

Fe 基非晶合金具有极高的硬度与室温脆性，进行机械加工的难度极大。近年来，激光增材制造技术开始被用来制备非晶合金涂层及块状非晶合金，这有望解决 Fe 基非晶合金制备的困境。但是在用激光增材制造技术制备 Fe 基非晶合金的过程中，凝固的 Fe 基非晶合金具有裂纹，这会严重影响 Fe 基非晶合金构件的质量。如果能通过工艺参数优化抑制 Fe 基非晶合金的裂纹，那将对其工程应用具有重要意义。本章研究无复合第二相 Fe 基非晶合金的制备，采用雾化法制备的 Fe33Cr32C14B18Si3（以下简称 Fe33）和 Fe41Co7Cr15Mo14C15B6Y2（以下简称 Fe41）非晶合金粉末作为试验原料，分别在不同激光功率范围内改变参数，使用预热基板、激光在线退火等工艺，探寻可以有效抑制块状非晶合金裂纹的最佳工艺。

4.1 激光增材制造 Fe33 非晶合金

4.1.1 单道试验

激光增材制造非晶合金的过程是激光束的高能量将基板熔化形成熔池，非晶合金粉末填入熔池，熔池的高热量使粉末熔化然后快速凝固。根据第 3 章的研究，在用激光增材制造非晶合金的过程中，与激光功率相比，扫描速率对熔覆层形貌影响较小，所以通过单道试验确定最佳扫描速率，减小后续试验参数范围，提高整体试验效率。

用 Fe33 非晶粉末在 45 钢基板上进行单道激光增材制造试验。首先固定激光功率 P=2200W，观察不同扫描速率对非晶合金单道样品宏观形貌的影响，确定最佳扫描速率。单道试验的工艺参数和试验结果见表 4-1。

表 4-1　单道试验的工艺参数和试验结果

试验编号	激光功率 P/W	扫描速率 v/（mm/min）	送粉速率 v_1/（g/min）	光斑直径 D/mm	试验结果
1	2200	360	15	3	差
2	2200	480	15	3	良
3	2200	600	15	3	优
4	2200	720	15	3	良

激光增材制造试验结束后，对成形样品进行简单的处理，擦去基板底部的导热硅胶，并用钢丝刷清理打印层表面非晶合金粉末。试验结果如图 4-1 所示。

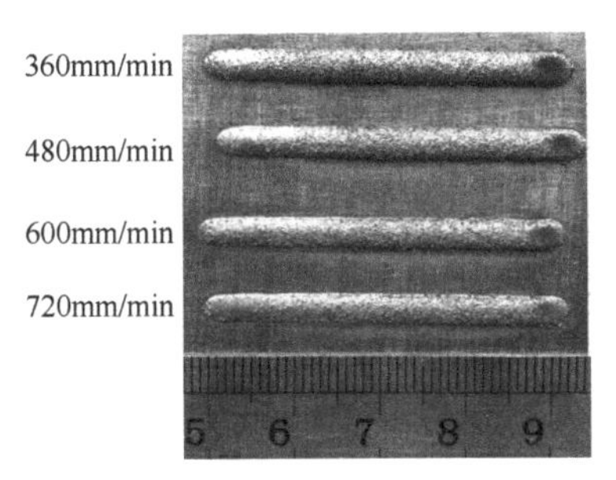

图 4-1　不同扫描速率打印的单道样品宏观形貌

试验结果表明：随着扫描速率的增加，单道样品成形质量先变好再变差。

1）当扫描速率较低时（v=360mm/min、v=480mm/min），熔池内单位面积输入的合金粉末较多，单道样品高度较高、宽度较大，但是粉末的利用率较低，部分粉末不能充分熔化，粘结在样品表面，使样品表面粗糙度变差，还会增加单道样品的孔隙率，影响样品的力学性能；同时较低的扫描速率会导致熔池内单位面积输入的能量较多，单道熔池内部热量持续积累，产生较大的热应力，导致裂纹的出现。

2）当扫描速率 v=600mm/min 时单道样品的高度和宽度适中，合金粉末充分熔化且表面具有金属光泽，与基板冶金结合良好，无肉眼可见的裂纹缺陷。这是因为随着扫描速率的增大，熔池内单位面积输入的粉末逐渐减少，粉末充分熔化使表面具有金属光泽，样品的高度、宽度均减小。熔池内单位面积输入的能量逐渐减少，内部热量积累减少，产生的热应力不足以产生裂纹缺陷。

3）当扫描速率进一步增加会导致单道样品不饱满，打印层高度过低，不利于大尺寸非晶合金的激光增材制造。

通过上述分析讨论，选择成形效果优秀的 v=600mm/min 为最佳扫描速率。为了减小后续试验参数范围，提高整体试验效率，在接下来的激光增材制造 Fe 基非晶合金的试验中扫描速率均固定为 v=600mm/min。

4.1.2 激光增材制造第 1 层 Fe33 非晶合金

由于 45 钢基板与 Fe33 非晶粉末在成分上存在差异，在激光增材制造过程中，一定量的基板元素进入熔池非晶合金中，使熔融的非晶合金发生成分偏离，严重降低打印层的非晶形成能力。此外，在进行激光多层打印时，激光能量的持续输入会导致打印层残余应力过大而发生打印层与 45 钢基板分离，打印层向打印高度方向翘边的现象，从而减小了散热速率，影响样品最终的成形质量与非晶含量。为了解决这一问题，除了在多层打印时进行工艺参数优化以外，还需要增加 45 钢基板与第 1 层的结合能力。通过高能量密度的激光输入，使基板形成较深较宽的熔池增大第 1 层与基板的接触面积，同时激光的高能量密度输入会使合金粉末充分熔化，减少第 1 层缺陷的形成，但是高能量势必会增加非晶合金成分的稀释率，减少了熔体的非晶形成能力，所以在 45 钢基板上打印的第 1 层 Fe33 非晶也称作过渡层。第 1 层不考虑非晶相的含量，只要求与基板冶金结合良好，并且过渡层表面平整，没有裂纹、气孔等缺陷，为接下来打印第 2 层做准备。

1. 激光功率对第 1 层的影响

激光增材制造试验中，激光功率对第 1 层的成形质量具有重要影响。用 Fe33 非晶粉末进行第 1 层试验，扫描速率固定为单道试验获得的最佳扫描速率 v=600mm/min，通过观察不同激光功率对第 1 层的影响，确定第 1 层最佳激光功率。第 1 层的工艺参数和试验结果见表 4-2。

表 4-2 第 1 层的工艺参数和试验结果

试验编号	激光功率 P/W	扫描速率 v/（mm/min）	送粉速率 v_1/（g/min）	光斑直径 D/mm	搭接率 λ（%）	试验结果
1	1400	600	15	3	30	差
2	1800	600	15	3	30	良
3	2200	600	15	3	30	优
4	2600	600	15	3	30	良

打印结束后，对制备的样品进行清理。为了观察样品裂纹的具体分布趋势，观察不同的激光功率参数对第 1 层裂纹的影响，使用 DPT-5 着色探伤剂对单层样品表面进行喷涂，喷涂后表面呈现的深色部分即为缺陷。

图 4-2 所示为扫描速率 v=600mm/min 时，不同激光功率的单层样品宏观形貌。

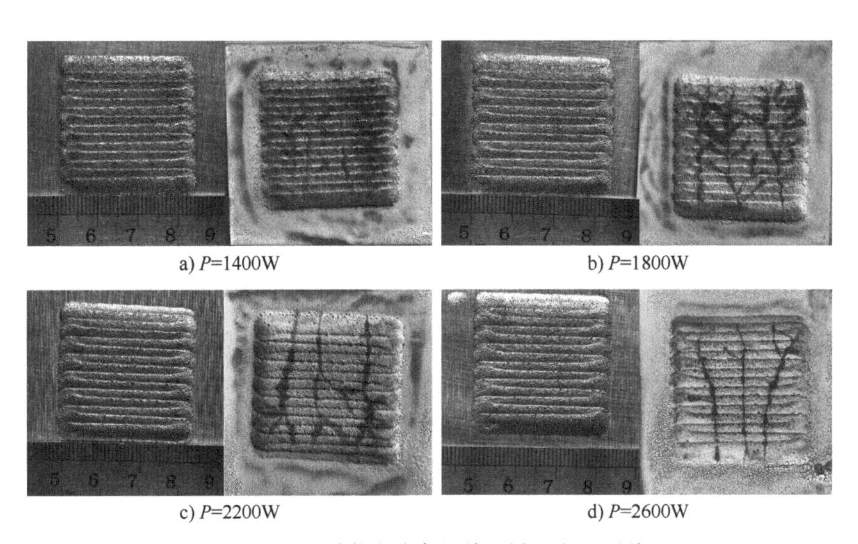

a) P=1400W　b) P=1800W

c) P=2200W　d) P=2600W

图 4-2　不同激光功率的单层样品宏观形貌

1）当激光功率 P=1400W 时样品表面凹凸不平，附有较多未完全熔化的粉末，样品孔隙率较高，裂纹缺陷较多且杂乱无章。

2）激光功率 P=1800W 时，因为激光功率的增加，熔池内输入的能量密度增大，合金粉末熔化较均匀，样品孔隙率较少，表面平整且成形质量较好；但是裂纹缺陷依然较多且无序，既有贯穿整个样品表面的长裂纹，也有在样品表面呈树枝状的短裂纹。短裂纹在延伸时与相邻的长裂纹或短裂纹相遇合并成一条裂纹并继续延伸，两种类型的裂纹相互交织，在样品表面主要呈现网状分布。长裂纹起源于样品的边缘处，方向始终垂直于激光束移动方向。长裂纹的形成主要是由于熔池边缘处巨大的冷却速率导致热应力过大；短裂纹的形成则是由于样品内部孔隙周围极易产生热应力集中。因短裂纹周围孔隙较多，所以着色后显示其宽度要明显大于长裂纹的宽度。

3）激光功率增加到 P=2200W 时，样品表面短裂纹开始减少，主要呈现贯穿整个样品表面的长裂纹。

4）激光功率进一步提高到 P=2600W 时，裂纹缺陷依然无法抑制。而且此时因热应力过大，基板开始发生轻微的变形，这不仅会影响样品的成形质量，也会减少 45 钢基板与水冷铜板的接触面积，影响样品的散热效率。

综合考虑，选择激光功率 P=2200W 作为第 1 层的激光功率。

图 4-3 所示为扫描速率 v=600mm/min、激光功率 P=2200W 第 1 层 Fe33 非晶合金的截面 SEM 图像。从图中可以观察到微观裂纹从熔池底部一直延伸到样品表面，这主要是因为熔池边缘的冷却速率相比熔池中部与上部是最快的，产生的温度梯度最大，导致热应力也就最大。裂纹最容易从样品底部萌生，延伸到表面。

图 4-3　第 1 层 Fe33 非晶合金的截面 SEM 图像

用不同激光功率打印第 1 层 Fe33 非晶合金时，裂纹缺陷严重影响 Fe33 非晶合金的成形质量。增材制造中裂纹的产生主要是由热应力引起的。激光增材制造具有快速加热、快速冷却的特点，通常会引起温度的不均匀分布，不可避免地产生热应力，使其产生严重的裂纹缺陷。裂纹缺陷会使构件在受力时产生严重的应力集中，严重降低构件的承载能力与疲劳强度。样品裂纹缺陷由 P=1400W 时的较多且杂乱无章，到 P=2200W 时的主要呈贯穿整个打印表面的长裂纹。可以看出随着激光功率的增加，非晶粉末充分熔化，样品的致密度提高，短裂纹逐渐减少。

非晶合金中的孔隙制约着其实际的工程应用。孔隙的存在不仅会降低非晶合金的致密度，影响其力学性能；同时，激光增材制造 Fe33 非晶合金时，孔隙周围极易产生热应力集中而诱发裂纹；此外，由于打印层需要向下传递热量促进非晶相的形成，而孔隙的存在严重抑制了其上方的散热速率，不利于非晶相的形成，因此对孔隙缺陷进行有效的抑制是至关重要的。然而作为激光增材制造非晶合金过程中最常见的缺陷之一，仅仅通过激光参数的优化很难完全消除所有的孔隙，因此就要在保证一定非晶相的前提下，探寻一组工艺与工艺参数，既能减少孔隙，又能减少孔隙周围的热应力集中。

从不同激光功率的打印结果可以看出，随着激光功率的增加，样品的孔隙逐渐减少。这是因为当激光功率增加时，粉末熔化充分，填充熔池致密。同时高功率降低了熔体凝固速率，使熔体中的气体有足够时间逸出从而降低了孔隙率。

2. 预热基板对第 1 层的影响

激光增材制造技术是逐层累加的制造工艺，每一层的裂纹缺陷将增加最终样品的裂纹缺陷，因此必须做到每一层都没有裂纹萌生，但是通过优化激光功率无法完全抑制 Fe33 非晶合金裂纹缺陷。由于激光增材制造具有快速加热、快速冷却的特点，所制备的样品局部受热不均匀，产生较大的热应力，从而产生裂纹，因此想要抑制裂纹，就必须降低热应力。

为了抑制裂纹，在激光打印第 1 层之前先对基板进行加热，减少打印层与基板的温度梯度，降低热应力。此外，预热基板可以提高打印层与基板的冶金结合能力，同时降低熔体的凝固速率，可以使熔体中的气体有足够的时间向外逸出，有效减少气孔。

预热基板的方法为先把 45 钢基板放到加热板上加热到一定温度，然后在基板上进行第 1 层 Fe33 非晶合金的激光增材制造。固定激光功率 P=2200W、扫描速率 v=600mm/min，探究基板的不同预热温度对打印层裂纹的抑制效果，基板预热试验工艺参数和试验结果见表 4-3。

表 4-3　基板预热试验工艺参数和试验结果

试验编号	基板预热温度 /℃	激光功率 P/W	扫描速率 v/（mm/min）	送粉速率 v_1/（g/min）	光斑直径 D/mm	搭接率 λ（%）	试验结果
1	50	2200	600	15	3	30	良
2	100	2200	600	15	3	30	良
3	150	2200	600	15	3	30	良
4	200	2200	600	15	3	30	优

图 4-4 所示为激光功率 P=2200W、扫描速率 v=600mm/min 时，基板的不同预热温度试验所得第 1 层样品的宏观形貌。

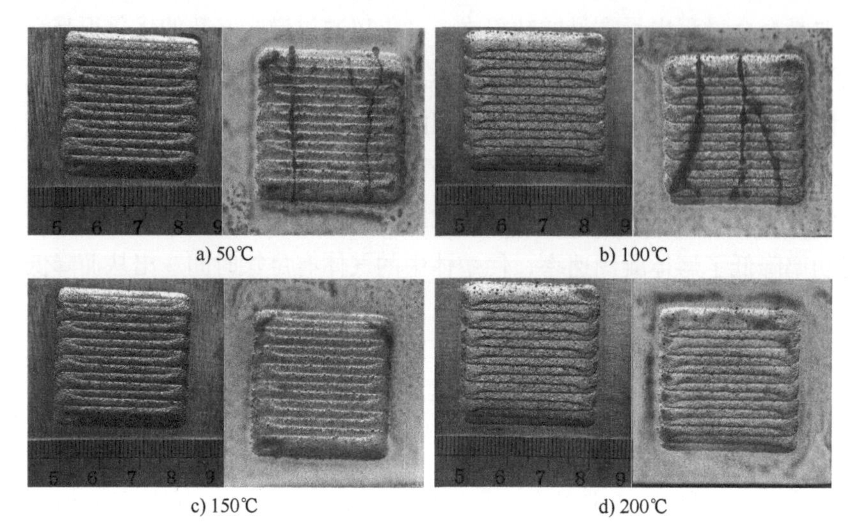

a) 50℃　b) 100℃　c) 150℃　d) 200℃

图 4-4　基板的不同预热温度试验所得第 1 层样品的宏观形貌

1）当基板预热温度为 50℃、100℃时，表面依然出现贯穿整个第 1 层的长裂纹，但是样品整体形貌要好于不进行基板预热时相同激光工艺参数的打印样品形貌。此时打印层虽然存在孔隙，但是因为预热基板降低了打印层与基板的温度梯度，减少了孔隙附近的热应力集中，因此表面没有出现树枝状的短裂纹。长裂纹方向始终垂直于激光束移动方向，这是因为在每一道的打印过程中，激光移动方向的两端承受的拉应力会明显高于单道其他区域所承受的拉应力，如图 4-5 所示，单道激光移动方向的两端区域具有相对于其他区域更大的位移倾向，因此垂直于激光移动方向的裂纹会优先扩展，最终形成了贯穿整个样品表面的长裂纹。

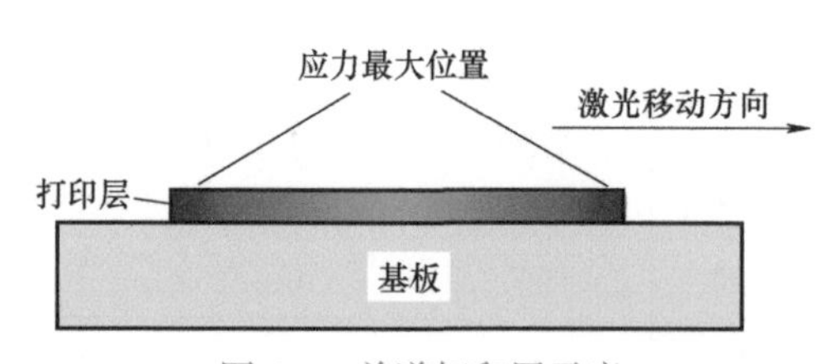

图 4-5　单道打印层示意

2）随着基板预热温度的进一步升高，打印层与基板的温度梯度继续降低，热应力持续减小，基板预热温度为 150℃时，仅在打印层的边缘处存在较少裂纹。这是因为边缘处冷却速率快，热应力比其他位置大。

3）预热温度提高到 200℃时，打印层表面没有宏观裂纹，表面平整具有金属光泽。

对成形性最好的基板预热温度 200℃的样品进行切割制样。图 4-6a 所示为基板预热 200℃时打印层截面的 SEM 图像。可以清楚地看到打印层结构致密，与 45 钢基板冶金结合良好，内部没有裂纹和气孔缺陷。从图 4-6b 所示的 EDS 分析可以看到打印层与 45 钢基板存在元素的缓慢扩散，也说明了打印层与 45 钢基板冶金结合良好。

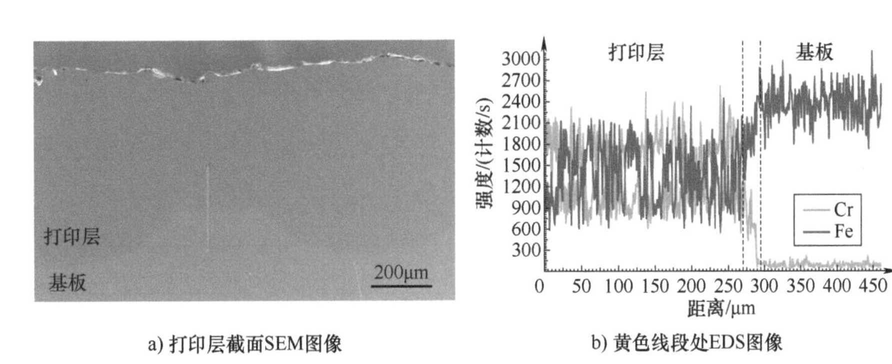

a) 打印层截面SEM图像　　b) 黄色线段处EDS图像

图 4-6　最佳工艺参数的第 1 层截面 SEM 图像和 EDS 图像

通过上述试验的分析讨论，确定了激光增材制造第 1 层 Fe33 非晶合金的工艺参数见表 4-4。

表 4-4　增材制造第 1 层 Fe33 非晶合金的工艺参数

基板预热温度 /℃	激光功率 P/W	扫描速率 v/（mm/min）	送粉速率 v_1/（g/min）	光斑直径 D/mm	搭接率 λ（%）
200	2200	600	15	3	30

4.1.3　激光增材制造第 2 层 Fe33 非晶合金

在第 1 层的基础上进行第 2 层非晶合金的激光增材制造。打印第 1 层时主要考虑 Fe33 非晶合金与 45 钢基板的结合，而打印第 2 层时主要考虑 Fe33 非晶合金与第 1 层的相互结合，所以第 2 层的工艺参数与第 1 层的工艺参数存在差异，需要对工艺及工艺参数进行重新探索。

1. 激光功率对第 2 层的影响

根据第 3 章所述的第 2 层试验方法，固定扫描速率 v=600mm/min，在第 1 层的基础上进行不同激光功率的非晶合金打印，探究不同激光功率对 Fe33 非晶层的非晶含量与成形质量的影响。为了提高非晶含量，选择较低的激光功率进行打印。此外，为了降低持续打印所带来的热量积累，每打印一道，激光停止出光 20s，使打印层的热量完全向下传导。第 2 层试验的工艺参数和试验结果见表 4-5。

表 4-5　第 2 层试验工艺参数和试验结果

试验编号	激光功率 P/W	扫描速率 v/（mm/min）	送粉速率 v_1/（g/min）	光斑直径 D/mm	搭接率 λ（%）	试验结果
1	900	600	15	3	30	差
2	1000	600	15	3	30	差
3	1100	600	15	3	30	良
4	1200	600	15	3	30	良

图 4-7 所示为扫描速率 v=600mm/min 时，不同激光功率所得双层样品宏观形貌。可以清楚地看到激光功率 P=900W、1000W 时，第 2 层表面附有较多未完全熔化的粉末，表面平整度较差，较粗糙，孔隙率较高。这主要是因为较低的能量密度不能很好地熔化粉末，使粉末粘结在样品的表面，同时过低的能量密度使熔融合金快速凝固，熔体中的气体分子不能及时逸出而凝固在合金内部。但是从图 4-7a、b 可以发现：样品表面裂纹缺陷较少，全部呈无规则的短裂纹。进行渗透检测后发现裂纹较粗，这表明裂纹缺陷附近孔隙率较高。与高激光功率打印第 1 层时贯穿整个表面的较细的裂纹完全不同。这主要是因为低能量密度时，打印的样品在孔隙周围极易产生热应力集中而诱发裂纹；而高能量密度时，熔池边缘处巨大的冷却速率导致热应力过大而产生贯穿性裂纹。

当激光功率 P=1100W、1200W 时，可以观察到随着激光能量密度的持续增加，合金粉末熔化均匀，表面平整且孔隙减少。既有贯穿整个样品表面的长裂纹，也有在样品表面呈树枝状的短裂纹。这时的长裂纹主要是由熔池边缘处巨大的冷却速率导致热应力过大而产生的，而短裂纹则是孔隙周围的热应力集中引起的。

a) P=900W　　b) P=1000W

c) P=1100W　　d) P=1200W

图 4-7　不同激光功率所得双层样品宏观形貌

图 4-8 所示为扫描速率 v=600mm/min 时不同激光功率双层样品截面 SEM 图像。从图中可以观察到制备的第 1 层均没有出现明显的裂纹缺陷，与基板冶金结合良好。但是不同功率打印的第 2 层均出现明显的裂纹。激光功率为 900W、1000W 时第 2 层与第 1 层冶金结合较差，两层之间出现较大的缝隙。这会严重影响样品的致密度，因此不对 900W、1000W 的样品进行下一步的分析。

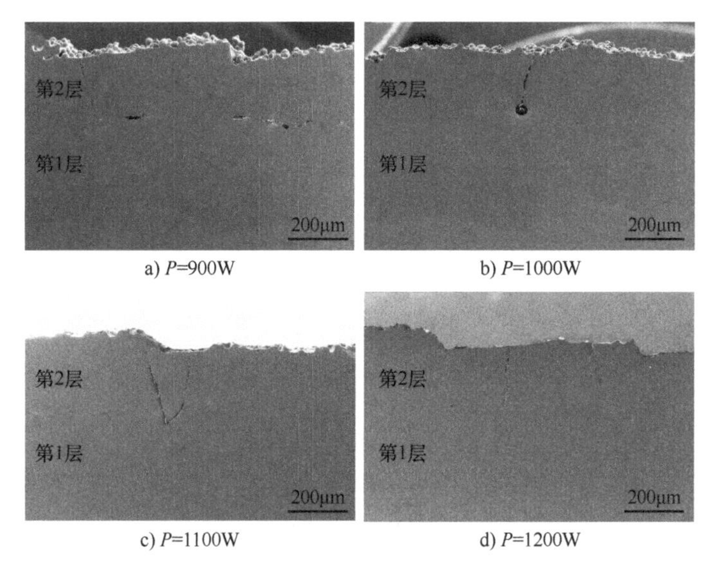

a) P=900W　　b) P=1000W

c) P=1100W　　d) P=1200W

图 4-8　不同激光功率双层样品截面 SEM 图像

图 4-9 所示为 P=1100W、1200W 时制备的第 2 层非晶合金的 XRD 衍射图谱。可以发现：不同激光功率制备的 Fe33 非晶合金样品均出现了非晶合金所特有的漫散射峰，但是也都叠加了尖锐的晶体衍射峰，主要为（Fe, Cr）$_{23}$（C, B）$_6$、Fe_2B 晶体相。通过激光增材制造的方法制备全非晶态是有难度的，主要因为激光增材制造过程中，激光能量熔化已打印层形成熔池，熔池附近会形成热影响区（heat affected zone，HAZ）。非晶态合金在热力学上处于亚稳态，热影响区在升温加热时自身极易发生晶化。从图 4-9 中还可以看出：随着激光功率的增加，晶体衍射峰增强。这主要是因为高的能量密度使热影响区宽度与厚度增加，使样品晶化程度严重。热影响区中温度高于玻璃化温度的弛豫时间影响晶化程度，当能量密度增加时将延长结晶时间，促进热影响区内晶体的形核及生长。此外，高的能量密度增大了合金的稀释率，易导致非晶合金的晶化，降低合金的非晶形成能力。

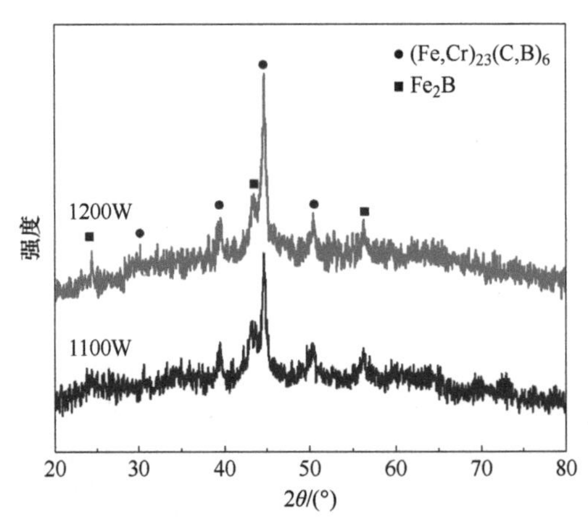

图 4-9 不同激光功率制备的第 2 层非晶合金的 XRD 衍射图谱

2. 激光在线退火工艺对第 2 层的影响

激光在线退火抑制裂纹缺陷的原理是用低功率的激光将已打印层加热到过冷液相区，非晶合金处于过冷液相区内具有黏稠流动特性，残余应力通过黏性流动被释放。同时激光在线退火可以降低 3D 打印时的冷却速率，减小热应力，有效地抑制裂纹。具体方法为每进行一道激光 3D 打印之后，关闭送粉器，马上进行同路径的低功率激光空扫。

固定 3D 打印激光功率 P=1100W、扫描速率 v=600mm/min，探究不同激光功率在线退火对第 2 层裂纹的抑制效果。对第 2 层进行激光在线退火试验工艺参数和试验结果见表 4-6。

表 4-6 对第 2 层进行激光在线退火试验工艺参数和试验结果

试验编号	在线退火激光功率 P_1/W	在线退火扫描速率 v_1/（mm/min）	3D 打印激光功率 P/W	3D 打印扫描速率 v/（mm/min）	送粉速率 v_2/（g/min）	光斑直径 D/mm	搭接率 λ（%）	试验结果
1	200	600	1100	600	15	3	30	差
2	300	600	1100	600	15	3	30	差
3	400	600	1100	600	15	3	30	差
4	500	600	1100	600	15	3	30	差

如图 4-10 所示，不同激光功率在线退火样品表面均出现裂纹缺陷，说明在线退火工艺对第 2 层裂纹缺陷抑制效果不明显。

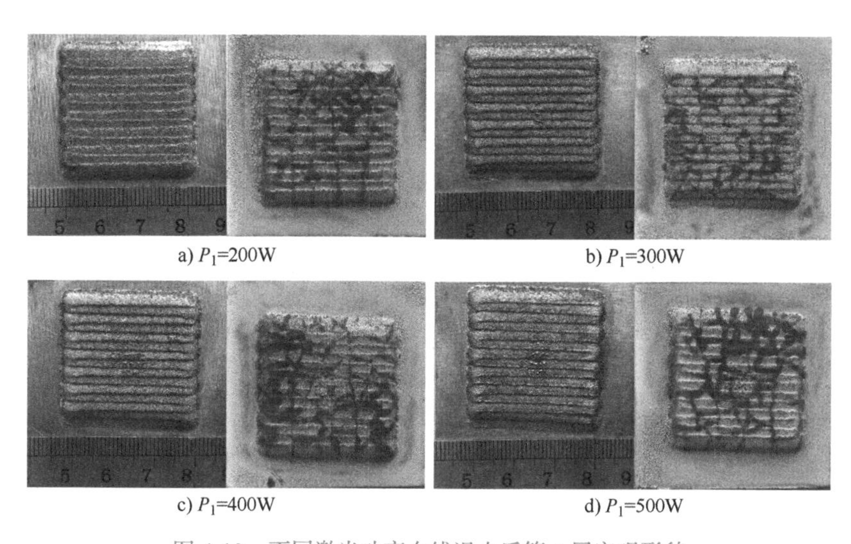

a) P_1=200W　b) P_1=300W　c) P_1=400W　d) P_1=500W

图 4-10 不同激光功率在线退火后第 2 层宏观形貌

综上所述，用激光增材制造技术制备 Fe33 非晶合金，无论如何调整工艺和工艺参数，都难以避免裂纹缺陷。

4.2 激光增材制造 Fe41 非晶合金

在 4.1 节激光增材制造 Fe33 非晶合金的同时，选择 Fe41Co7Cr15Mo14C15B6Y2（以下简称 Fe41）非晶合金粉末进行激光增材制造工艺参数优化试验。

4.2.1 激光增材制造第 1 层 Fe41 非晶合金

由于 4.1 节激光增材制造 Fe33 非晶合金的试验中选用了较高的激光功率，因此在激光增材制造 Fe41 的试验中选用相对较低的激光功率。第 1 层 Fe41 非晶合金试验时，确定扫描速率为 600mm/min，具体的试验参数列于表 4-7，对应的试验结果如图 4-11 所示。

表 4-7 第 1 层 Fe41 非晶合金试验参数

试验编号	激光功率 P/W	扫描速率 v/(mm/min)	送粉速率 v_1/(g/min)	光斑直径 D/mm	搭接率 λ(%)	试验结果
1	1000	600	15	3	30	差
2	1200	600	15	3	30	优
3	1400	600	15	3	30	差
4	1600	600	15	3	30	差
5	1800	600	15	3	30	差

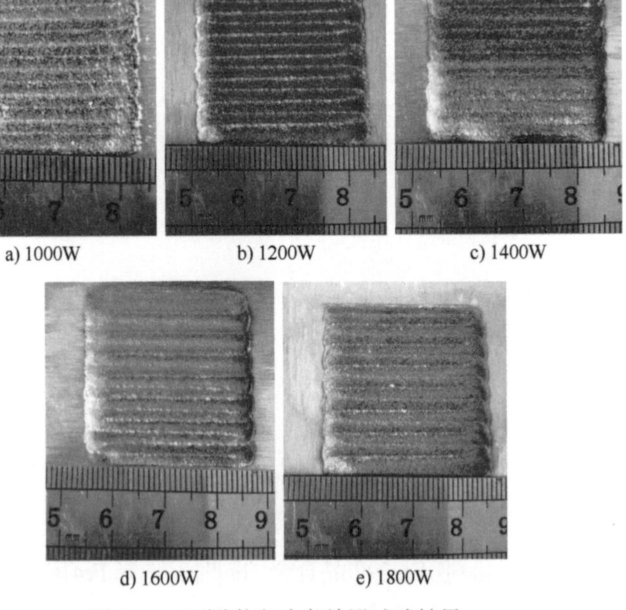

a) 1000W　b) 1200W　c) 1400W　d) 1600W　e) 1800W

图 4-11 不同激光功率单层试验结果

1）当激光功率为 1000W 时，样品表面较粗糙，并且中心部位低于边缘部位，整体有凹陷趋势。造成该现象可能的原因是激光功率太小导致粉末未完全熔化，整体构成不均匀。

2）激光功率为 1200W 时，整个打印层较为平整，粉末熔化程度好，成形质量好。

3）激光功率为 1400W 时，在样品边缘处出现了忽高忽低的状态，边缘处的起伏极大可能造成后续各层时出现翘边、开裂等缺陷。

4）激光功率达到 1600W 和 1800W 时，两个样品都出现了一边高一边低的情况，成形都不好，不适合进行后续各层的 3D 打印试验。

综合以上分析，第 1 层的试验工艺参数可以确定为扫描速率 600mm/min，激光功率 1200W。

4.2.2 激光增材制造第 2 层 Fe41 非晶合金

后续各层与第 1 层有所不同：第 1 层可以不考虑样品的非晶性，只考虑与基板的结合性即可；而后续各层与第 1 层之间已经没有元素差异，不需要考虑结合问题带来的成形性缺陷，所以需要重新选定第 2 层的激光功率，以得到适宜的块状非晶合金。

根据第 1 层的试验参数，将第 2 层的激光功率筛选区间确定为 1200~1600W，试验工艺参数及试验结果见表 4-8。

表 4-8 第 2 层试验工艺参数及试验结果

试验编号	激光功率 P/W	扫描速率 v/（mm/min）	送粉速率 v_1/（g/min）	光斑直径 D/mm	搭接率 λ（%）	试验结果
1	1200	600	15	3	30	差
2	1300	600	15	3	30	差
3	1400	600	15	3	30	差
4	1500	600	15	3	30	优
5	1600	600	15	3	30	差

激光增材制造过程中热应力导致非晶合金产生微裂纹，不同功率下微

裂纹走势不同，与该功率下熔融液体不稳定程度有关。不同功率产生不同的熔化轨迹，裂纹分布走势也不一样。为了更直观地观察裂纹，利用渗透液（DPT-5 着色探伤剂）对样品表面进行探伤。先使用清水、清洗剂等将样品表面加工痕迹处理干净；然后将渗透液喷于样品表面静置 5min 以上，等渗透液充分渗透后洗去表面剩余渗透液；最后将显像剂喷涂至样品表面，静置后就会看到样品上的裂纹走势。通过裂纹走势可以选择出相对较好的工艺参数。

随着激光功率由小到大的变化，打印层内部熔化方式也在发生改变。激光功率在 1200~1500W 范围时，随着激光功率的增加，熔化越来越充分，减少了裂纹缺陷。但是激光功率为 1600W 时，较高的激光能量与非晶粉末强烈作用，产生热应力也更大，增多了裂纹缺陷。

通过试验对比，激光功率为 1500W 时得到的双层 Fe41 非晶合金成形质量相对较好，如图 4-12 所示。

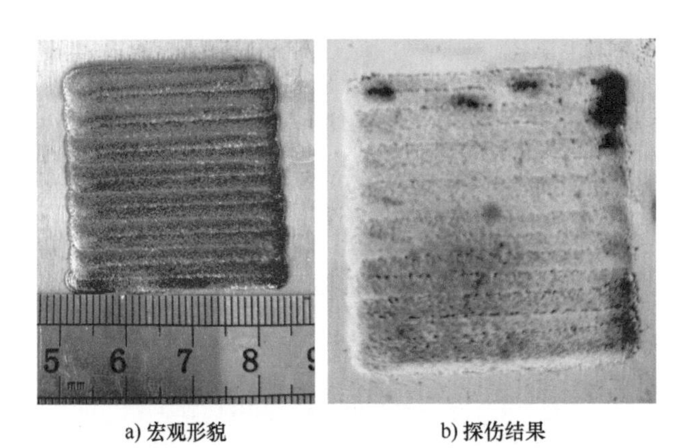

a) 宏观形貌　　b) 探伤结果

图 4-12　激光功率为 1500W 时得到的双层样品宏观形貌和探伤结果

由图 4-12b 可见，在 1500W 激光功率下，密集的网状裂纹几乎消失，中心部位裂纹很少，但边缘部位还存在非密集型网状裂纹。造成这一结果的原因是在激光增材制造过程中，边缘区域比中心区域具有更大的位移倾向，受到的拉应力更大。激光增材制造多层材料的本质是单道材料的积累，所以在按路径加工时，在激光移动方向上，两端的拉应力明显高于其他区域。

综上所述，第 1 层和第 2 层相对较好的试验工艺参数见表 4-9。第 2 层以上的各层均采用第 2 层的参数。

表 4-9　第 1 层和第 2 层相对较好的试验工艺参数

试验层	激光功率 P/W	扫描速率 v/(mm/min)	送粉速率 v_1/(g/min)	光斑直径 D/mm	搭接率 λ(%)
第 1 层	1200	600	15	3	30
第 2 层	1500	600	15	3	30

4.2.3　激光增材制造第 3 层 Fe41 非晶合金

根据表 4-9 的参数，进行 3 层 Fe41 非晶合金块体的激光增材制造试验，其结果如图 4-13 所示。

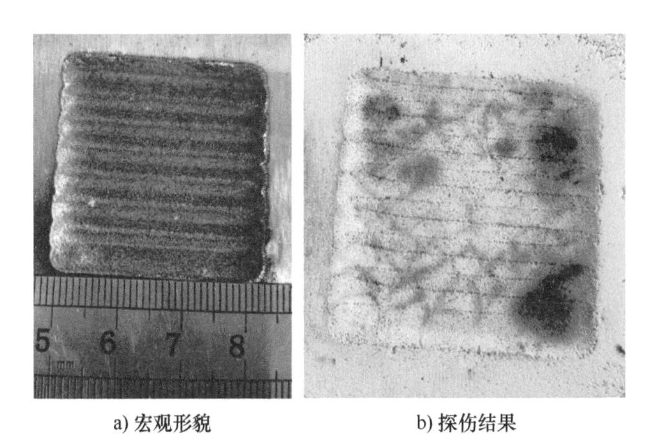

a) 宏观形貌　　b) 探伤结果

图 4-13　3 层 Fe41 非晶合金块体宏观形貌和探伤结果

可以看出，3 层 Fe41 非晶合金块体表面的裂纹分布与双层时几乎相当，都是边缘部位相对密集而中心部位相对较少，但是 3 层 Fe41 非晶合金块体的裂纹明显多于双层。这是因为激光增材制造的热过程复杂，在层数积累过程中，热应力是越来越高的，即使每层的调控都非常谨慎，叠加后裂纹数量也会明显增加。

除了改变激光功率以外，减少裂纹的方式还有激光退火和预热基板，其原理都是通过增加底部温度来减少热梯度，进而减少热应力，但是这些方法都存在一些不可控的问题。

首先是激光退火，通过激光空扫的方式使打印层温度重新升高。该方案的问题是激光头高度和功率之间的配合存在不唯一性，试验环境处于氩气氛围中，无法精确地测量激光空扫后打印层的温度，激光头位置和功率同时改变可能达到同样预热效果，所以无法对该过程进行有效控制。

其次是预热基板，通过加热台恒温，基板温度很好控制，但是对于制备非晶材料而言，温度梯度是必不可少的，缺少温度梯度会导致非晶材料的晶化。

综合本章 Fe33 和 Fe41 两种 Fe 基非晶合金的试验结果，证实了用激光增材制造技术制备无裂纹 Fe 基非晶合金难度很大。这一点在现有文献中也有报道。因此考虑通过制备复合材料的方法消除裂纹。

第 5 章

激光增材制造 Fe 基非晶复合材料

由第 4 章的研究可知激光增材制造过程无法制备无裂纹的 Fe 基非晶合金，原因是 Fe 基非晶合金的室温塑性较差，无法承担激光增材制造过程中产生的热应力。非晶合金复合材料能否解决这一问题呢？本章以 Fe41Co7Cr15Mo14C15B6Y2（以下简称 Fe41）非晶合金和 CrMnFeCoNi 高熵合金以及 316L 不锈钢为研究对象，采用均质复合和层状结构复合两种方法制备 Fe 基非晶合金与高熵合金、Fe 基非晶合金与 316L 不锈钢复合材料，以期达到消除裂纹，提高塑性的目的，并选择出最佳激光增材制造参数以及加工工艺。

5.1 激光增材制造 Fe41/ 高熵合金复合材料

激光增材制造的热过程复杂，存在大量残余应力，易导致裂纹，对力学性能影响巨大。对于激光增材制造非晶合金而言，消除裂纹是前提也是关键。

激光增材制造 Fe41/ 高熵合金复合材料，采用了均质复合和层状结构复合两种方式。

5.1.1 均质复合

对复合材料中的韧性相（第二相）的要求是综合力学性能优异，具有良好的塑性。由于具有面心立方结构（FCC）的金属塑性较好且具备一定强度，综合指标最佳，因此选用 FCC 相金属作为韧性相。由于 CrMnFeCoNi 高熵合金自身力学性能出色，因此选用高性能的 CrMnFeCoNi 高熵合金作为第二相进行 Fe 基非晶合金复合材料的激光增材制造，基体为 Fe41 非晶合金。

利用双筒送粉可方便地改变复合材料的成分比例，制备出不同成分的

Fe41/ 高熵合金复合材料。调节第二相送粉器的转速，将第二相的质量分数分别定为 15%、30%、45%。参照第 4 章表 4-9 的工艺参数制定激光增材制造第 1 层 Fe41/ 高熵合金复合材料的试验参数，见表 5-1，对应得到的第 1 层 Fe41/ 高熵合金复合材料的宏观形貌如图 5-1 所示。

表 5-1　第 1 层 Fe41/ 高熵合金复合材料的试验参数

第二相质量分数（%）	激光功率 P/W	扫描速率 v/（mm/min）	Fe41 送粉速率 v_1/（g/min）	316L 送粉速率 v_2/（g/min）	光斑直径 D/mm	搭接率 λ（%）
15	1200	600	12.75	2.25	3	30
30	1200	600	10.5	4.5	3	30
45	1200	600	8.25	6.75	3	30

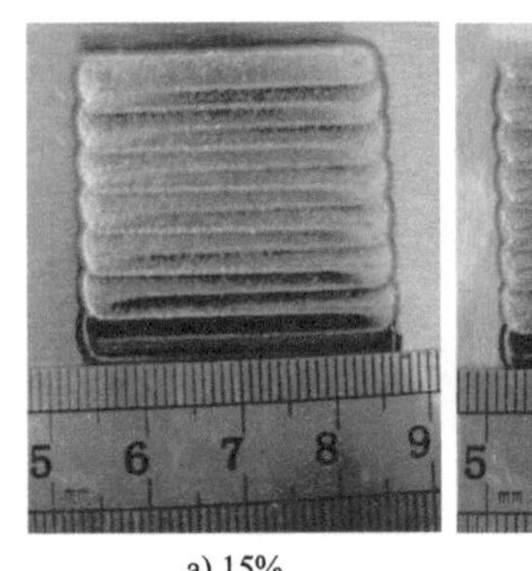

a) 15%

b) 30%

c) 45%

图 5-1　不同第二相含量的单层 Fe41/ 高熵合金复合材料的宏观形貌

由图 5-1 可知，打印层较为平整，表面无明显毛刺，光滑度较好，与 45 钢基板结合优良。第 1 层完成后需在水冷铜板上静置 5min，待其充分冷却再进行下一层加工。

激光增材制造第 2 层 Fe41/ 高熵合金复合材料的试验参数和试验结果见表 5-2。

表 5-2　第 2 层 Fe41/ 高熵合金复合材料的试验参数和试验结果

第二相质量分数（%）	激光功率 P/W	扫描速率 v/（mm/min）	Fe41 送粉速率 v_1/（g/min）	316L 送粉速率 v_2/（g/min）	光斑直径 D/mm	搭接率 λ（%）	试验结果
15	1500	600	12.75	2.25	3	30	差
30	1500	600	10.5	4.5	3	30	差
45	1500	600	8.25	6.75	3	30	差

试验结果显示，均质复合的 Fe41/ 高熵合金复合材料，即使高熵合金的质

量分数达到了 45% 也无法完成阻裂目标。

5.1.2 层状结构复合

虽然激光增材制造均质复合 Fe 基非晶合金与高熵合金的复合材料阻裂失败，但是采用热应力没有激光增材制造大的制备方式时，Fe41 非晶 / 高熵合金复合材料表现出优异的力学性能[71]。而对于层状结构材料，在强化与应变硬化等作用下，材料的强度和塑性都有明显提高，打破了传统的金属材料强度和塑性的反比关系，那么层状结构是否可以吸收激光增材制造过程中强大的热应力，使试验样品裂纹消除，并且还具有较高的力学性能呢?

众所周知，Fe 基非晶合金与高熵合金在力学性能上差异巨大，满足制备层状结构复合材料的先决条件。

试验使用同轴送粉式激光增材制造设备，该设备在制备层状结构材料时，操作十分方便，直接改变外部送粉器的转速就可实现材料的转变。试验加工方案如图 5-2 所示，先在基板上打印一层纯高熵合金材料，既起到了预热基板的作用，也为后续制备非晶层时吸收热应力起到阻裂作用。试验基板仍为 45 钢，根据参考文献［72］可知，CrMnFeCoNi 高熵合金与 45 钢基板线膨胀系数相差不大，直接 3D 打印后不会引起基板变形以及结合不良等问题。参照第 4 章表 4-9 中所列参数进行试验。

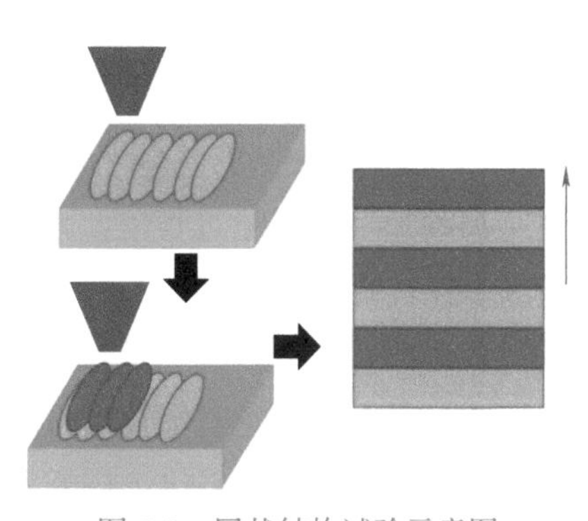

图 5-2 层状结构试验示意图

设置好试验参数后，进行块体加工，首先进行 3 层样品加工：第 1 层为高熵合金层、第 2 层为 Fe41 非晶层、第 3 层为高熵合金层。其结果如图 5-3 所示，可以看出层状结构材料表面光滑，金属光泽明显，可以看到良好的搭接情况，无翘边、毛刺等缺陷，并且在 DPT-5 着色探伤剂显像下表面无裂纹，完美地完成了阻裂任务。

3 层试验样品证明了层状结构的阻裂作用，接下来按照相同的试验参数打印 12 层块体。打印完成后对其进行清洗、切割、打磨，进行下一步分析。层状结构复合材料的 XRD 结果如图 5-4 所示。由图可知，层状结构复合材料的晶体峰与纯高熵合金的晶体峰几乎一致，都是由（111)、(200)、(220）组成的

FCC结构晶体衍射峰，而在层状结构复合材料中存在少量的杂峰，这是由于在循环加热过程中，由于热影响区的存在，对非晶层产生了影响，发生了部分晶化的现象。与标准PDF卡片对照，确定杂峰所对应的晶体相是（Cr，Mo）$_{23}$C$_6$和 $Fe_{23}B_6$。图中并未发现非晶合金独有的漫散射峰，推测可能是晶体峰过于强大，使非晶峰无法表现出来。

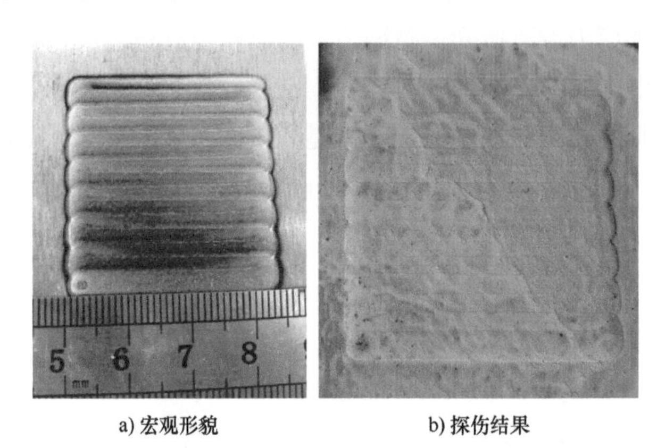

a) 宏观形貌　　b) 探伤结果

图 5-3　层状结构 3 层样品宏观形貌和探伤结果

在激光增材制造过程中，原料被加工成块体的过程不会发生明显的相变，各层都保持着原有的结构，晶化现象是由于热影响区中原有的非晶结构被热加工过程影响，温度超过了玻璃化温度，导致晶化。该影响只发生在热影响区，并且该过程属于激光增材制造的特点，无法避免。

为了进一步分析层状结构复合材料的性能，对其进行室温压缩试验。首先将样品切割成高 6mm 直径 3mm 的圆柱体试样，取样方式和位置如图 5-5 所示。为了减少试样表面对试验结果的影响，需要将试样表面打磨光滑。

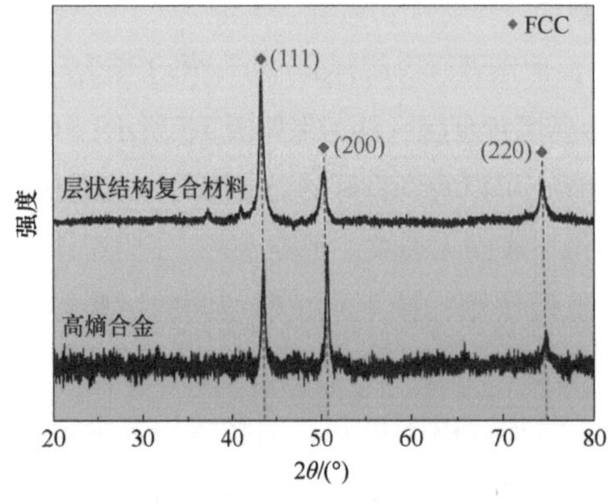

图 5-4　层状结构复合材料的 XRD 结果

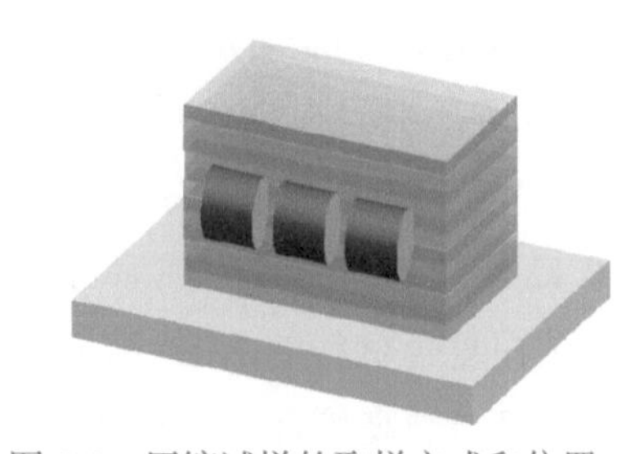

图 5-5　压缩试样的取样方式和位置

图 5-6 所示为纯高熵合金和层状结构复合材料的室温压缩应力 - 应变曲线。图中黑色曲线为纯高熵合金的室温压缩曲线，其制备条件与层状结构复合材料试样相同；红色曲线为层状结构复合材料的室温压缩曲线。由图可知，纯高熵合金室温压缩屈服强度约 320MPa，压缩塑性理论上为无限大，并且随着塑性变形量的增加强度在不断上升，表现出良好的加工硬化特性。而层状结构复合材料的压缩屈服强度约为 1200MPa，远超一般钢铁，但是在屈服之后强度开始下降，约 900MPa 时发生断裂，塑性应变只有约 2%。层状结构复合材料出现这一现象的原因是强度较高的非晶层达到极限强度，但是较软的高熵层还在进行塑性变形，由于高熵合金和非晶合金各只有一层，裂纹还未扩展至高熵合金区，非晶合金区就已经失效，导致层状结构复合材料提前断裂，无法表现出优异的塑性。

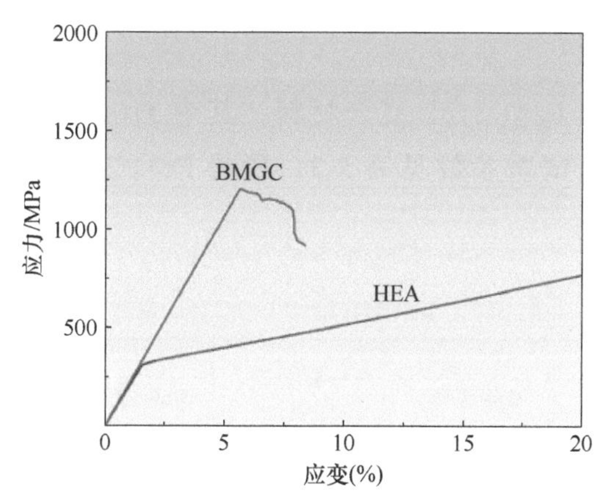

图 5-6　纯高熵合金和层状结构复合材料的室温压缩应力 - 应变曲线

HEA—高熵合金　BMGC—块状非晶合金复合材料

高熵合金虽然完成了对 Fe 基非晶合金的阻裂，但是由于层的限制，无法完全发挥其力学性能的优势，会非常容易出现提前断裂现象。如果改变层的比例，无论是增加高熵合金层厚，还是多制备一层高熵合金形成“三明治”结构，都会将非晶合金的比例降低。在高熵合金与非晶合金的质量分数已经为各 50% 的情况下，即使不考虑晶化比例，继续增加高熵合金的比例也会使 Fe 基非晶合金比例低于 50%，失去主元位置。这与研究目标相悖，所以不继续探究。

5.2 激光增材制造 Fe41/316L 复合材料

316L 不锈钢与 CrMnCoFeNi 高熵合金的等比例组成不一样，其结构组成与 Fe41 非晶合金更相似，这样的组成可以增加两者之间的润湿性，提高结合能力。选用 Fe41 非晶合金是因为其非晶形成能力在已知的 Fe 基非晶合金中更为稳定，其临界冷却速率只有 80K/s，非常容易形成非晶，可以极大地减少热影响区中的结晶，并且该非晶合金在铸态情况下几乎不显示塑性，如果用 316L 不锈钢复合之后大幅度提高了其塑性，那么对于其他显示塑性的 Fe 基非晶合金也适用该方法。

5.2.1 Fe41/316L 复合材料的宏观形貌

首先制备 3 层 Fe41/316L 复合材料，其中 316L 不锈钢的质量分数分别为 30%、45%，试验参数见表 5-3，所得 Fe41/316L 复合材料如图 5-7 所示。

表 5-3 不同 316L 不锈钢含量的 F41/316L 复合材料试验参数

第二相质量分数（%）	激光功率 P/W	扫描速率 v/（mm/min）	Fe41 送粉速率 v_1/（g/min）	316L 送粉速率 v_2/（g/min）	光斑直径 D/mm	搭接率 λ（%）
30	1500	600	10.5	4.5	3	30
45	1500	600	8.25	6.75	3	30

由图 5-7 可知，无论 316L 不锈钢的质量分数是 30% 还是 45%，Fe41/316L 复合材料都没有裂纹，并且无论哪种复合材料的表面都光滑且具有金属光泽，无毛刺和粉末粘连，都顺利地完成了阻裂任务。

采用均质复合的方式，制备 316L 不锈钢的质量分数为 45% 的 Fe41/316 复合材料的多层样品，对其微观组织、力学性能进行分析。试验参数列于表 5-4 中，打印 10 层是为了方便后续切割和微观组织分析。试验所得样品尺寸约为 30mm × 30mm × 5mm（理论上试验无尺寸限制）。

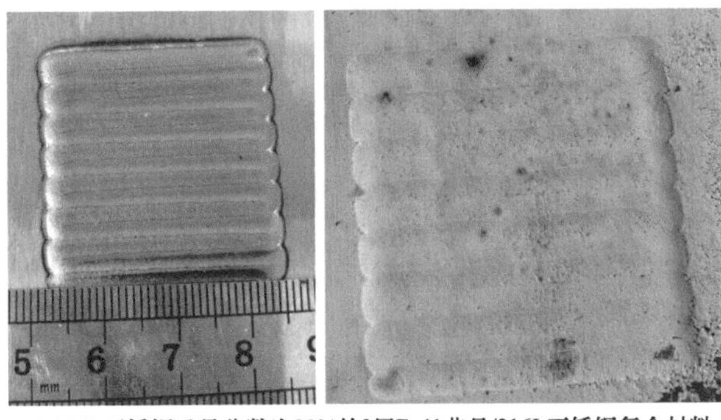

a) 316L不锈钢质量分数为30%的3层Fe41非晶/316L不锈钢复合材料

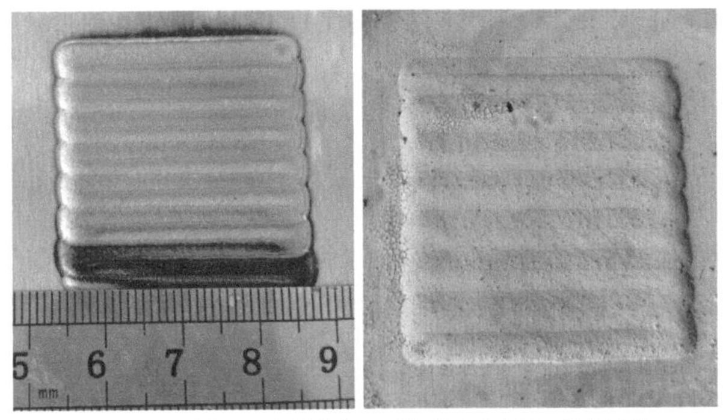

b) 316L不锈钢质量分数为45%的3层Fe41/316L复合材料

图 5-7　Fe41/316L 复合材料的宏观形貌

表 5-4　Fe41/316L 复合材料试验参数

第二相质量分数（%）	激光功率 P/W	扫描速率 v/（mm/min）	Fe41 送粉速率 v_1/（g/min）	316L 送粉速率 v_2/（g/min）	光斑直径 D/mm	搭接率 λ（%）	层数
45	1500	600	8.25	6.75	3	30	10

激光增材制造过程的热应力巨大，为了防止激光能量积累，每打印完一层必须等其完全冷却至室温后再打印下一层。即在 30mm × 30mm 程序走完后，激光头上移 0.5mm 保持不动，由水冷铜板对打印层降温。一般单层冷却时间约为 5~8min。为了确保温度降至室温，同时也保证非晶合金的形成，确定每层制备时间间隔 8min。

在制备的块状 Fe41/316L 复合材料的过程中，需要保证氧气含量不会对试验结果产生影响。整个试验过程都在密封状态的成形仓中进行，试验气氛为氩气。试验前，利用配套设备对成形仓进行洗气，并循环沉降，等设备洗气结束后循环静置 12h 以上，此时通过氧分析仪可以看到成形仓内的氧气含量已经下降到 20×10^{-6} 以下。送粉时，将 Fe41 非晶合金粉末和 316L 不锈钢粉末分别装进送粉器中。在粉末装填的过程中会带来少量氧气，需要预吹，等循环系统稳定后再开始试验。此时箱体内部稳定，氧气初始含量低且对试验的影响程度已经降到了最低。试验过程中，实时观察箱体内氧气含量的变化，试验前后氧含量几乎恒定不变，说明在试验中少量的氧气含量不会对试验过程产生影响。加工出块状 Fe41/316L 复合材料后，需根据不同分析试验制作相应的试样。

图 5-8 所示为 Fe41 非晶粉末、316L 不锈钢粉末样品与试验制备的 Fe41/316L 复合材料块体的 XRD 图谱，其中衍射角度在 20°~80° 之间。从图中可以看到：Fe41 非晶合金粉末的衍射图谱具有清晰的漫散射峰，呈馒头状，为标准的非晶合金衍射峰；316L 不锈钢粉末的衍射图谱的衍射峰为（111）、（200）、（220），是标准的奥氏体型不锈钢的衍射峰；用激光增材制造技术制备的 Fe41/316L 复合材料样品的衍射图谱，综合了 Fe41 非晶合金和 316L 不锈钢的特点，在 40°~50° 之间出现了非晶特有的漫散射峰，表现出非晶特性，并且其中尖锐的晶体峰与 316L 不锈钢的晶体峰一一对应，说明在激光增材制造过程中，两者结合制备的非晶合金复合材料没有发生明显的相变。但是在其衍射图谱中还能看到少量强度不高的杂峰，与标准 PDF 卡片对照，确定其为 $(Cr, Mo)_{23}C_6$ 和 $Fe_{23}B_6$ 晶体相，产生上述杂相的原因是激光加热过程中热影响区温度过高，超过玻璃化温度，造成了晶化现象。这一现象在激光增材制造过程中是无法避免的。

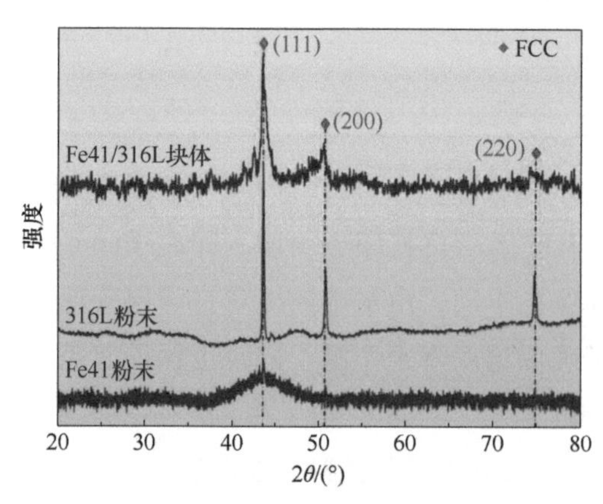

图 5-8　Fe41 非晶粉末、316L 不锈钢粉末和 Fe41/316L 复合材料块体的 XRD 图谱

5.2.2　Fe41/316L 复合材料的微观组织

图 5-9 所示为用 SEM 观察到的大块 Fe41/316L 复合材料块体的微观组织。样品表现出层状结构材料特点。

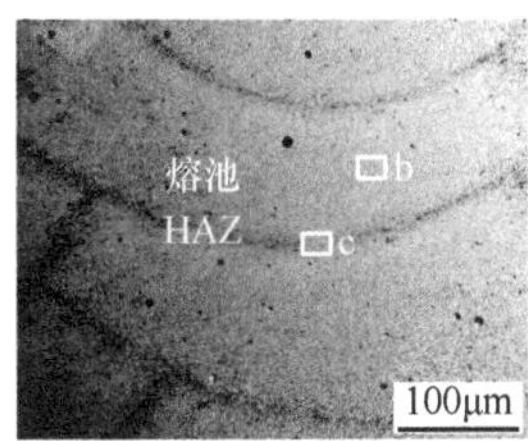

a) 低倍SEM图像

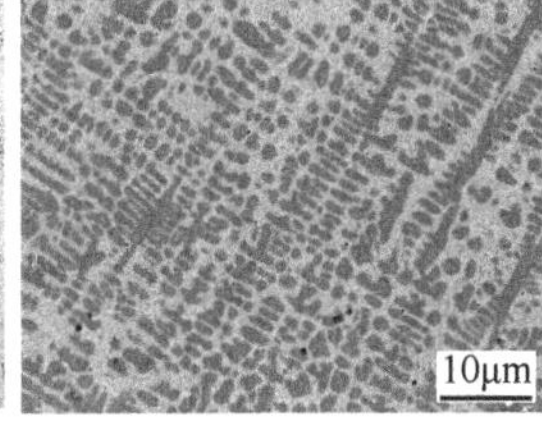

b) 熔池内部SEM图像

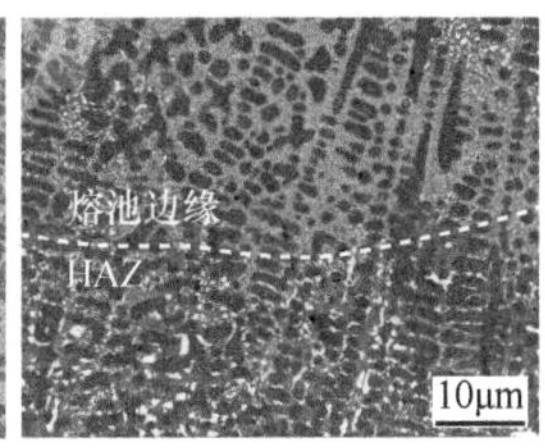

c) 熔池边缘和热影响区SEM图像

图 5-9　大块 Fe41/316L 复合材料块体的微观组织

从图 5-9a 可以清晰地观察到熔池和热影响区的位置，激光增材制造过程中，相邻单道之间搭接率为 30%，相邻层之间叠加，其加工方式造成了同一层熔池相交，不同层熔池叠加的现象，由此形成了独特的“扇形”结构。在其中可以看到有许多微孔存在，这是气孔缺陷，激光增材制造过程无法完全消除气孔。在图 5-9a 中标记了 b、c 两个区域，相应的放大图如图 5-9b、c 所示。

图 5-9b 所示为熔池内部视图，其中深灰色的 316L 不锈钢被浅灰色的 Fe41 非晶合金包裹，316L 不锈钢相呈现鱼骨状、球状以及不规则形状。尽管这些 316L 不锈钢相形状不规则，但是其在力学性能上发挥巨大功能（后续讨论）。图 5-9c 所示为熔池边缘微观形貌，与熔池内部不同，条状结构减少，球状和不规则形状增加。此外，与熔池内部相比，熔池边缘非晶结构显著减少，在热影响区中非晶结构完全消失，在条状结构和球形结构旁边出现了白色的晶体相，热影响区中 316L 不锈钢被白色晶体相紧密包裹。

对于激光增材制造技术而言，非晶结构保留在熔池中，而热影响区中的非晶会发生完全晶化现象。熔池内部，原料粉末通过高能激光束逐点熔化，具有超高的冷却速度，可以避免熔池内部结晶。在逐层加热过程中，已加工完成的熔池顶部会成为后一层熔池的热影响区，而热影响区的温度会超过玻璃化温度，但是低于液相线温度，因此产生了周期性的晶化带。

在激光增材制造过程中，独特的加热模式引起了较大的表面张力梯度，这在熔池中引发了不同的马兰戈尼（Marangoni）对流，并形成了条状、球状、不规则状的 316L 不锈钢相。每一种结构都对应着一种特殊的对流模式，可以用 Marangoni（Ma）值来描述。将 Ma 值划分为水平 Ma 值（Ma_h）和垂直 Ma 值（Ma_v），可以表示为

$$Ma_v=\left|\frac{\partial\sigma}{\partial T}\right|\Delta T_v d\eta^{-1}\chi^{-1} \tag{5-1}$$

$$Ma_h=\left|\frac{\partial\sigma}{\partial T}\right|\Delta T_b d^2\eta^{-1}\chi^{-1} \tag{5-2}$$

式中 $\left|\frac{\partial\sigma}{\partial T}\right|$——表面张力的温度依赖性，对于 316L 不锈钢而言 $\left|\frac{\partial\sigma}{\partial T}\right|=$ 0.39mN/（m·K）；

ΔT_v——垂直方向上的温度梯度；

ΔT_b——打印方向上的温度梯度；

d——层厚度；

η——动力黏度，η=6.44mPa·s；

χ——热扩散率，$\chi=1.899\times10^{-5}m^2/s$。

一旦 Ma_v 比 Ma_h 大得多，马兰戈尼对流将形成球形结构。局部对流是波动的，随着 Ma_h 的增加，球形结构变得不稳定、不规则。当 Ma_h 达到峰值时，转变为条状对流，并形成条状结构。所以形成了不同形状的 316L 不锈钢相。

图 5-9a 中显示了块状 Fe41/316L 复合材料的垂直于激光移动方向横截面的微观结构。其中深色为 316L 不锈钢相，浅色为非晶相。值得注意的是，熔池中熔融液体的冷却速率足够高，所以继续保持非晶结构，即浅色结构为非晶态。在整个激光增材制造过程中，熔池周围的深灰色薄带保持固态（即热影响区）。在这些热影响区中，从相邻的熔池传递来的热量控制着相态。许多研究表明，非晶合金从液态冷却到非晶态固体和将非晶态固体加热再次冷却的结晶行为明显不对称。由熔池传递到热影响区的热量决定了深灰色薄带的加热速率低于晶化临界加热速率，因此熔池周围的深灰色薄带为结晶状态。从图 5-9a 中还可以发现：深灰色薄带约占总横截面积的 3%，这表明激光增材制造 Fe41/316L 复合材料含有约 3% 的晶体相。对浅灰色区域放大观察，如图 5-9b 所示，发现该区域并非完全非晶结构。因为在非晶粉末中添加了 316L 不锈钢粉末，这些 316L 不锈钢粉末在激光增材制造过程中不与非晶粉末混合，而是单独结晶。从图 5-9b 中可以发现 316L 不锈钢占据了约整个区域的 40%，表明浅灰色区域的晶体相含量约为 40%。因此块状 Fe41/316L 复合材料的晶体

相含量约为 3%+97% × 40%=41.8%。

为了进一步分析 Fe41/316L 复合材料的微观组织，对其进行了 TEM 观察，结果如图 5-10 所示。图 5-10a 所示为热影响区的亮场图像，该热影响区由 316L 不锈钢和 $M_{23}C_6$ 组成（M 为 Fe、Cr、Mo 等），插图中的 SAED 衍射斑证明了这一点。此外，可以观察到大量的位错线，这可以归因于 316L 不锈钢作为软相将吸收激光增材制造过程产生的内应力，导致大量位错的积累。这有利于材料塑性的提高。图 5-10b 显示了熔池内部的 TEM 亮场图像。很明显，Fe41 非晶相与 316L 不锈钢相连接，插图中的 SAED 衍射斑显示了非晶的典型衍射环特征，这与图 5-9 中 SEM 观察的结果相对应。为了深入了解非晶合金基体和 316L 不锈钢相之间的界面区域，如图 5-10c 所示，使用高分辨率 TEM 和快速傅里叶变换（fast fourier transfor，FFT）对图 5-10b 中红色正方形的代表区域进行观察。插图中的 FFT 图案精确反映了非晶合金基体（左侧）和 316L 不锈钢相位（右侧）。FFT 结果与 TEM 亮场相对应，光滑的相界面表明 316L 不锈钢相与非晶合金基体结合良好。

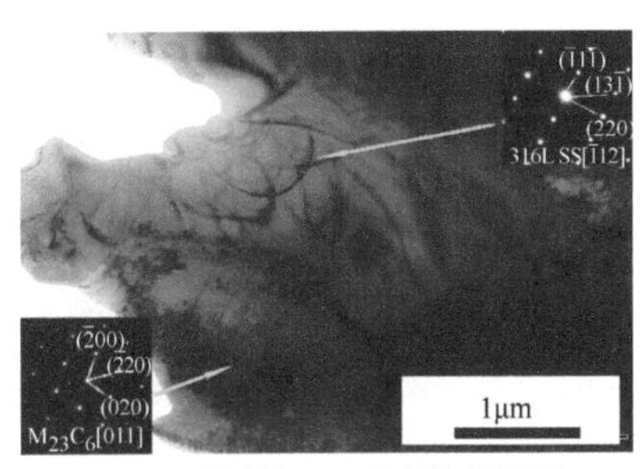

a) 316L不锈钢与$M_{23}C_6$的低倍亮场图像
注：插图分别为316L不锈钢与$M_{23}C_6$的SAED衍射斑。

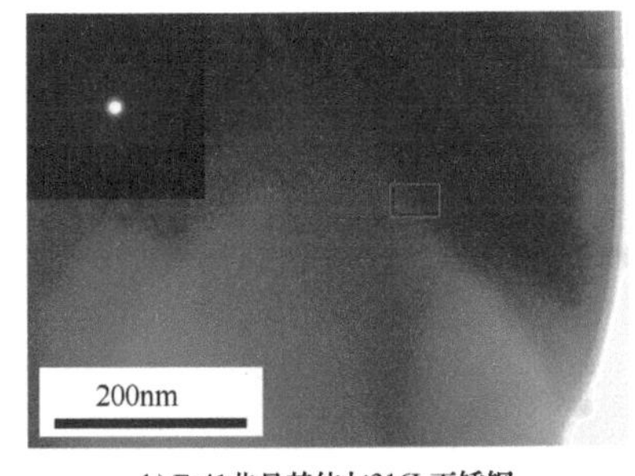

b) Fe41非晶基体与316L不锈钢界面的高倍亮场图
注：插图为非晶光环的SAED衍射斑。

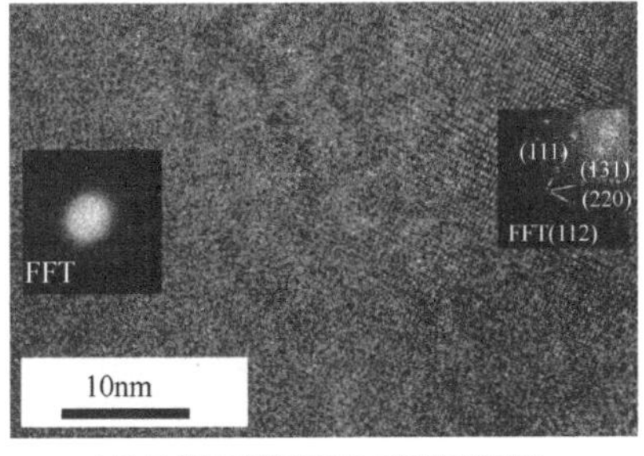

c) Fe41非晶基体和316L不锈钢界面的HRTEM图像

图 5-10　Fe41/316L 复合材料的 TEM 图像

由以上分析可知：用激光增材制造制备的 Fe41/316L 复合材料内部复杂，熔池中两相结合良好，产生完美的冶金结合，并且由于不同的马兰戈尼对流模式，316L 不锈钢相形态不一，不同的形态会产生不同的效果，这将在后续力学性能分析中讨论。在热影响区内，316L 不锈钢周围的非晶基体发生了晶化，其相组成发生了变化，结果在 SEM、TEM 图像中都有体现。

5.2.3　Fe41/316L 复合材料的力学性能

将块状 Fe41/316L 复合材料切割成直径为 3mm、高为 6mm 的压缩试样后，打磨掉加工痕迹。将其与铸态 Fe41 非晶合金和铸态 316L 不锈钢的压缩应力 - 应变曲线一同绘制在图 5-11 中。

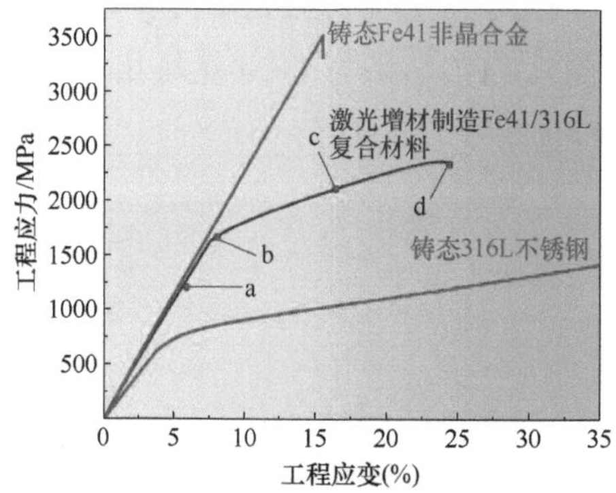

a) 激光增材制造Fe41/316L复合材料、铸态Fe41非晶合金、铸态316L不锈钢室温压缩应力-应变曲线

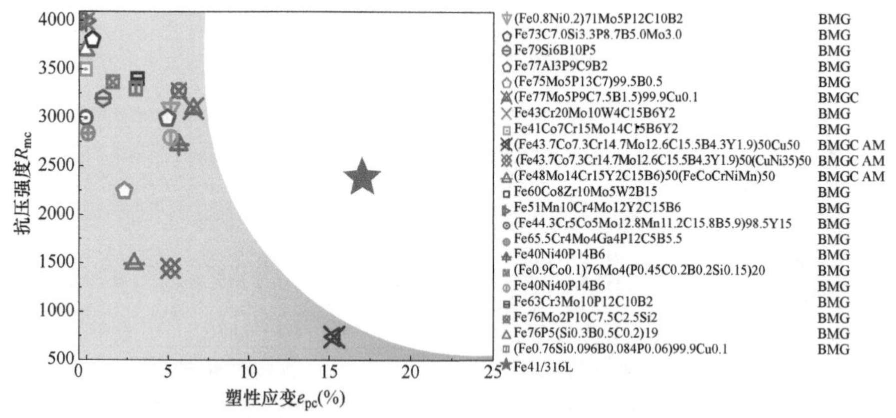

b) 典型的Fe基非晶合金及其复合材料在室温下抗压强度R_{mc}和塑性应变e_{pc}之间的关系

图 5-11　块状 Fe 基非晶复合材料力学性能

BMG—块状非晶合金　BMGC—块状非晶合金复合材料　AM—增材制造

图 5-11a 显示了 Fe41/316L 复合材料的变形过程主要分四个部分，对应图 5-12a、b、c、d，具体的各阶段变形模式将在后面继续讨论。根据参考文献［21］可知，铸态 Fe41 非晶合金抗压强度约为 3500MPa，几乎没有宏观塑性。根据测量，铸态的 316L 不锈钢压缩屈服强度约为 686MPa。激光增材制造制备的 Fe41/316L 复合材料抗压强度约为 2355MPa，具有极高的延展性，塑性应变约为 17%，并且压缩屈服强度约为 1630MPa（0.2% 偏移量压缩屈服强度）。Fe41/316L 复合材料充分继承了原材料的优点，实现了强度和塑性协同作用。在 Fe41/316L 复合材料的室温压缩曲线上可以看到明显的加工硬化现象，这主要来源于第二相（316L 不锈钢）的作用。在激光增材制造后，为了防止开裂，316L 不锈钢吸收了大量内应力，使其内部产生了大量的位错线（图 5-10a），使其在变形时产生加工硬化。

已知的具有大塑性的 Fe 基非晶合金，其临界尺寸都在 1mm 以下，例如塑性应变超过 50% 的 Fe62Ni18P13C7，以及在特殊处理后具有 4220MPa 抗压强度和超过 50% 塑性应变的 Fe39Ni39B12.82Si2.75Nb2.3P4.13。尽管这些 Fe 基非晶合金性能优越，但是它们的非晶形成能力较差，目前无法使用激光增材制造技术来获得大尺寸非晶合金，这极大地限制了它们的工程应用。临界尺寸大于 1mm 的具有代表性的 Fe 基非晶合金及其复合材料的 R_{mc} 和 e_{pc} 如图 5-11b 所示。图 5-11b 揭示了 Fe 基非晶合金家族最关键的特征：抗压强度和塑性呈负相关，对于强度大于 3500MPa 的 Fe 基非晶合金来说，其塑性应变一般低于 1%；而塑性应变大于 10% 的 Fe 基非晶合金复合材料的强度一般小于 1GPa。更糟糕的是，用传统方法制备的 Fe 基非晶合金的塑性应变仅为 6.6%，尽管现在利用激光增材制造制备的 Fe 基非晶合金复合材料塑性应变达到了 15.3%，但是其强度低于 800MPa。本研究中制备的 Fe41/316L 复合材料在大尺寸 Fe 基非晶合金复合材料强度塑性协同方面取得了重大突破。塑性应变（约 17%）是已知的大尺寸 Fe 基非晶合金复合材料的最高值，并且约 2355MPa 的抗压强度也继承了非晶合金的特点。

要研究力学性能提高的原因，就要分析不同变形阶段 Fe41/316L 复合材料的微观结构，如图 5-12 所示。

在弹性阶段，样品发生弹性变形，非晶部分和晶体部分都没有太大变化，如图 5-12a 所示。图 5-12b 显示了样品屈服阶段的典型特征，Fe 基非晶合金内部刚性过大，难以形成剪切带。而非晶合金的塑性变形主要依托于少数的剪切带扩展，因此在图中可以清晰地看到非晶合金基体上的微裂纹。同时，作为应力载体的软相 316L 不锈钢能够承受应力增加的塑性变形，并且在鱼骨状的条状结构中观察到了滑移带，这有利于提高屈服强度。图 5-12c 是样品典型的塑性阶段 SEM 图像，可以看到非晶基体中裂纹随着塑性变形的进行不断扩展，但像箭头所指处那样，深色的 316L 不锈钢作为软相与非晶基体结合良好，起到了粘合剂的作用，防止裂纹的进一步扩展，并迫使裂纹沿着非晶合金基体的另一方向产生分支。因此 316L 不锈钢有效地阻碍了裂纹扩展，延迟了失效进程，提高了材料的塑性。图 5-12d 为断裂过程的示意图，随着变形的继续，应力继续增加，达到了复合材料所能承受的极限情况，灾难性的大裂纹贯穿基体，使整个样品完全失效，样品不再能承受塑性变形。

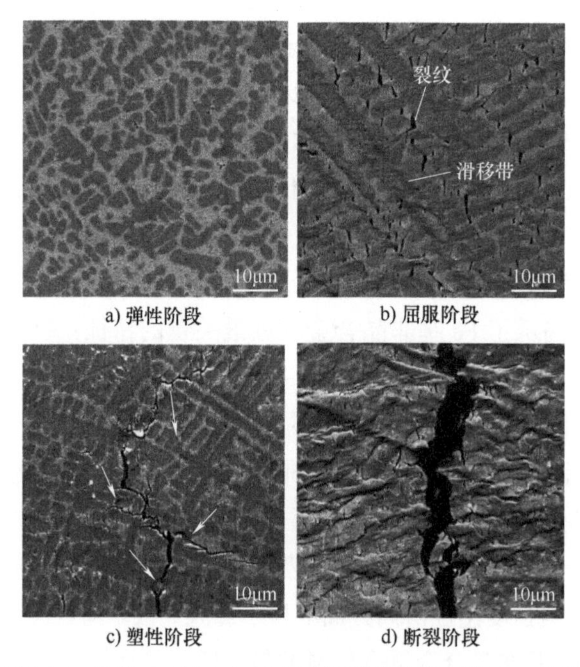

图 5-12　块状 Fe41/316L 复合材料不同变形阶段 SEM 图像

当材料内部空间中的力学性能发生梯度或跳跃变化时，会对裂纹驱动力产生影响，并延长材料失效时间，这种效应称为材料不均匀性效应。与均质材料相比，复合材料可以显著提高抗断裂能力。在复合材料中，裂纹驱动力可以用 J 积分表示

$$J_{tip}=J_{far}+C_{inh}$$

在该方程中，J_{tip} 表示裂纹进入试样的驱动力，J_{far} 与载荷位移记录有关，C_{inh} 表示材料的不均匀性对裂纹扩展的影响。

当裂纹从硬相扩展到软相时，C_{inh} 为正值，只需要较小的 J_{far} 就能达到载荷并触发裂纹扩展。相反，当 C_{inh} 为负值时，裂纹驱动力在从软到硬的过渡过程中减小，需要更大的 J_{far} 才能允许裂纹扩展。于是得出结论：在软相和硬相交错的非均匀内部，由于裂纹尖端屏蔽效应，裂纹得到了很好的抑制。

在超过屈服点之前，裂纹驱动力随着载荷的增加而增加，这导致了非晶基体中微裂纹的萌生，并最终扩展至软相 316L 不锈钢（图 5-12b）。软相吸收应力并产生滑移带，裂纹驱动力减小，需要更大的载荷来驱动裂纹的萌生和扩展（图 5-12c）。鉴于此，裂纹只会沿着非晶成分继续延伸，而不会穿过 316L 不锈钢，从而形成一种分支裂纹。此外，由于 316L 不锈钢的鱼骨结构，裂纹遇到软相的概率大幅度提高，这显著提高了材料的韧性。一旦载荷达到材料的承载极限，Fe41/316L 复合材料将出现断裂，如图 5-12d 所示。

选择与 Fe41 非晶合金组分更接近的 316L 不锈钢作为第二相加入非晶合金体系中，利用 316L 不锈钢自身出色性能以及与 Fe 基非晶合金之间更好的润湿性制备无裂纹、大尺寸、高性能的 Fe41/316L 复合材料，对样品进行了室温压缩试验，其抗压强度约为 2355MPa，塑性应变约为 17%，创造了尺寸大于 1mm 的 Fe 基非晶家族中的纪录，为 Fe 基非晶合金向着结构材料的应用推进了一步。

参考文献

[1] ZOLOTUK HIN I V, KALININ Y E. Amorphous metallic alloys [J]. Soviet Physics Uspekhi, 1990, 33(9): 720.

[2] SPAEPEN F, TURNBULL D.Metallic glasses [J]. Annual Review of Physical Chemistry, 1984, 35(1): 241-263.

[3] SCHUH C A, HUFNAGEL T C, RAMAMURTY U. Mechanical behavior of amorphous alloys [J]. Acta Materialia, 2007, 55(12): 4067-4109.

[4] INOUE A. Stabilization of metallic supercooled liquid and bulk amorphous alloys [J]. Acta Materialia, 2000, 48(1): 279-306.

[5] JOHNSON W L.Bulk glass-forming metallic alloys: science and technology [J]. MRS Bulletin, 1999, 24(10): 42-56.

[6] CHEN M W. A brief overview of bulk metallic glasses[J]. NPG Asia Materials, 2011, 3(9): 82-90.

[7] DREHMAN A J, GREER A L, TURNBULL D. Bulk formation of a metallic glass: $Pd_{40}Ni_{40}P_{20}$ [J]. Applied Physics Letters, 1982, 41(8): 716-717.

[8] KUI H W, GREER A L, TURNBULL D. Formation of bulk metallic glass by fluxing [J]. Applied Physics Letters, 1984, 45(6): 615-616.

[9] INOUE A, KITA K, ZHANG T, et al. An amorphous $La_{55}Al_{25}Ni_{20}$ alloy prepared by water quenching [J]. Materials Transactions JIM, 1989, 30(9): 722-725.

[10] INOUE A, ZHANG T, MASUMOTO T. Al-La-Ni amorphous alloys with a wide supercooled liquid region [J]. Materials Transactions JIM, 1989, 30(12): 965-972.

[11] INOUE A, NAKAMURA T, SUGITA T, et al. Bulky La-Al-TM(TM=Transition Metal) amorphous alloys with high tensile strength produced by a high-pressure die casting method [J]. Materials Transactions JIM, 1993, 34(4): 351-358.

[12] INOUE A, YAMAGUCHI H, ZHANG T, et al. Al-La-Cu amorphous alloys with a wide supercooled liquid region [J]. Materials Transactions JIM, 1990, 31(2): 104-109.

[13] INOUE A, NAKAMURA T, NISHIYAMA N, et al. Mg-Cu-Y Bulk amorphous alloys with high tensile strength produced by a high-pressure die casting method [J]. Materials Transactions JIM, 1992, 33(10): 937-945.

[14] INOUE A, ZHANG T, MASUMOTO T. Zr-Al-Ni amorphous alloys with high glass transition temperature and significant supercooled liquid region [J]. Materials Transactions JIM, 1990, 31(3): 177-183.

[15] INOUE A, NISHIYAMA N, MATSUDA T. Preparation of bulk glassy $Pd_{40}Ni_{10}Cu_{30}P_{20}$ alloy of 40 mm in diameter by water quenching [J]. Materials Transactions JIM, 1996, 37(2):

181-184.

[16] INOUE A, ZHANG T, ZHANG W, et al. Bulk Nd-Fe-Al amorphous alloys with hard magnetic properties [J]. Materials Transactions JIM, 1996, 37(2): 99-108.

[17] ZHANG T, INOUE A.Density, thermal stability and mechanical properties of Zr-Ti-Al-Cu-Ni bulk amorphous alloys with high Al plus Ti concentrations [J]. Materials Transactions JIM, 1998, 39(8): 857-862.

[18] INOUE A, ZHANG T.Fabrication of bulk glassy $Zr_{55}Al_{10}Ni_5Cu_{30}$ alloy of 30 mm in diameter by a suctionc casting method [J]. Materials Transactions JIM, 1996, 37(2): 185-187.

[19] INOUE A, NISHIYAMA N, KIMURA H.Preparation and thermal stability of bulk amorphous $Pd_{40}Cu_{30}Ni_{10}P_{20}$ alloy cylinder of 72 mm in diameter [J]. Materials Transactions JIM, 1997, 38(2): 179-183.

[20] PEKER A, JOHNSON W L. A highly processable metallic glass: $Zr_{41.2}Ti_{13.8}Cu_{12.5}Ni_{10.0}Be_{22.5}$ [J]. Applied Physics Letters, 1993, 63(17): 2342-2344.

[21] SHEN J, CHEN Q, SUN J, et al. Exceptionally high glass-forming ability of an FeCoCrMoCBY alloy [J/OL]. Applied Physics Letters, 2005, 86(15): 151907 [2023-11-01]. https: //doi.org/10.1063/1.1897426.

[22] XU D, DUAN G, JOHNSON W L. Unusual glass-forming ability of bulk amorphous alloys based on ordinary metal copper [J/OL]. Physical Review Letters, 2004, 92(24): 245504 [2023-11-01]. https://doi. org/10.1103/PhysRevLett.92.245504.

[23] MA H, SHI L L, XU J, et al. Discovering inch-diameter metallic glasses in three-dimensional composition space [J/OL]. Applied Physics Letters, 2005, 87(18): 181915 [2023-11-01]. https://doi. org/10.1063/1.2126794.

[24] TANG M Q, ZHANG H F, ZHU Z W, et al. TiZr-base bulk metallic glass with over 50 mm in diameter [J]. Journal of Materials Science&Technology, 2010, 26(6): 481-486.

[25] INOUE A, TAKEUCHI A.Recent development and application products of bulk glassy alloys [J]. Acta Materialia, 2011, 59(6): 2243-2267.

[26] JING Q, ZHANG Y, WANG D, et al. A study of the glass forming ability in ZrNiAl alloys [J]. Materials Science and Engineering: A, 2006, 441(1-2): 106-111.

[27] LIU Y H, WANG G, WANG R J, et al. Super plastic bulk metallic glasses at room temperature [J]. Science, 2007, 315(5817): 1385-1388.

[28] HOFMANN D C, SUH J Y, WIEST A, et al.Designing metallic glass matrix composites with high toughness and tensile ductility [J]. Nature, 2008, 451(7182): 1085-1089.

[29] KUMAR G, TANG H X, SCHROERS J. Nanomoulding with amorphous metals [J]. Nature, 2009, 457(7231): 868-872.

[30] LOU H B, WANG X D, XU F, et al. 73 mm-diameter bulk metallic glass rod by copper mould

casting [J]. Applied Physics Letters, 2011, 99 (5).

[31] NISHIYAMA N, TAKENAKA K, MIURA H, et al. The world's biggest glassy alloy ever made [J]. Intermetallics, 2012, 30 : 19-24.

[32] INOUE A, TAKEUCHI A. Recent progress in bulk glassy alloys [J]. Materials Transactions, 2002, 43 (8): 1892-1906.

[33] ZBERG B, UGGOWITZER P J, Löffler J F. MgZnCa glasses without clinically observable hydrogen evolution for biodegradable implants [J]. Nature Materials, 2009, 8 (11): 887-891.

[34] SCHROERS J, KUMAR G, HODGES T M, et al. Bulk metallic glasses for biomedical applications [J]. JOM, 2009, 61 : 21-29.

[35] 张勇 . 非晶和高熵合金[M]. 北京：科学出版社，2010.

[36] 傅明喜，李岩，黄兴民，等 . 大块金属玻璃的研究及应用[J]. 材料导报，2005，19 (7): 57-60.

[37] SURYANARAYANA C, INOUE A. Bulk metallic glasses [M]. Boca Raton: CRC Press, 2017.

[38] PAMPILLO C A. Localized shear deformation in a glassy metal [J]. Scripta Metallurgica, 1972, 6 (10): 915-917.

[39] 胡壮麒，张海峰 . 块状非晶合金及其复合材料研究进展[J]. 金属学报，2010，46 (11): 1391-1421.

[40] 吴文飞，姚可夫 . 非晶合金纳米晶化的研究进展[J]. 稀有金属材料与工程，2005，34 (4): 505-509.

[41] ECKERT J, SEIDEL M, Kübler A, et al. Oxide dispersion strengthened mechanically alloyed amorphous Zr-Al-Cu-Ni composites [J]. Scripta Materialia, 1998, 38 (4): 595-602.

[42] ECKERT J, KÜBLER A, SCHULTZ L. Mechanically alloyed $Zr_{55}Al_{10}Cu_{30}Ni_5$ metallic glass composites containing nanocrystalline W particles [J]. Journal of Applied Physics, 1999, 85 (10): 7112-7119.

[43] LEE M H, BAE D H, KIM W T, et al. Synthesis of Ni-based bulk amorphous alloys by warm extrusion of amorphous powders [J]. Journal of Non-Crystalline Solids, 2003, 315 (1-2): 89-96.

[44] JENG I K, LIN C K, LEE P Y. Formation and characterization of mechanically alloyed Ti-Cu-Ni-Sn bulk metallic glass composites [J]. Intermetallics, 2006, 14 (8-9): 957-961.

[45] LÖFFLER J F. Bulk metallic glasses [J]. Intermetallics, 2003, 11 (6): 529-540.

[46] EGAMI T. Universal criterion for metallic glass formation [J]. Materials Science and Engineering: A, 1997, 226 : 261-267.

[47] POON S J, SHIFLET G J, GUO F Q, et al. Glass formability of ferrous-and aluminum-

based structural metallic alloys[J]. Journal of Non-Crystalline Solids, 2003, 317(1-2): 1-9.

[48] CHEN W, WANG Y, QIANG J, et al. Bulk metallic glasses in the Zr-Al-Ni-Cu system [J]. Acta Materialia, 2003, 51 (7): 1899-1907.

[49] WANG D, LI Y, SUN B B, et al. Bulk metallic glass formation in the binary Cu-Zr system[J]. Applied Physics Letters, 2004, 84 (20): 4029-4031.

[50] CAO H, MA D, HSIEH K C, et al. Computational thermodynamics to identify Zr-Ti-Ni-Cu-Al alloys with high glass-forming ability [J]. Acta Materialia, 2006, 54 (11): 2975-2982.

[51] SHEN J, ZOU J, YE L, et al. Glass-forming ability and thermal stability of a new bulk metallic glass in the quaternary Zr-Cu-Ni-Al system [J]. Journal of Non-Crystalline Solids, 2005, 351 (30-32): 2519-2523.

[52] BYRNE C J, ELDRUP M. Bulk metallic glasses [J]. Science, 2008, 321 (5888): 502-503.

[53] ECKERT J, KÜHN U, MATTERN N, et al. Bulk nanostructured Zr-based multiphase alloys with high strength and good ductility [J]. Scripta Materialia, 2001, 44 (8-9): 1587-1590.

[54] SAIDA J, MATSUSHITA M, LI C, et al. Crystallization and grain growth behavior of $Zr_{65}Cu_{27.5}Al_{7.5}$, metallic glass [J]. Materials Science and Engineering: A, 2001, 304 : 338-342.

[55] WANG W H, BIAN Z, WEN P, et al. Role of addition in formation and properties of Zr-based bulk metallic glasses [J]. Intermetallics, 2002, 10 (11-12): 1249-1257.

[56] ZHENG B, ZHOU Y, SMUGERESKY J E, et al. Processing and behavior of Fe-based metallic glass components via laser-engineered net shaping [J]. Metallurgical and Materials Transactions A.2009, 40 : 1235-1245.

[57] YE X Y, BAE H, SHIN Y C, et al. In situ synthesis and characterization of Zr-Based amorphous composite by laser direct deposition [J]. Metallurgical and Materials Transactions A, 2015, 46 : 4316-4325.

[58] SUN H, FLORES K M. Microstructural analysis of a laser-processed Zr-based bulk metallic glass [J]. Metallurgical and Materials Transactions A, 2010, 41 (7): 1752-1757.

[59] SUN H, FLORES K M. Laser deposition of a Cu-based metallic glass powder on a Zr-based glass substrate [J]. Journal of Materials Research, 2008, 23 (10): 2692-2703.

[60] LI X P, KANG C W, HUANG H, et al. The role of a low-energy-density re-scan in fabricating crack-free $Al_{85}Ni_5Y_6Co_2Fe_2$, bulk metallic glass composites via selective laser melting [J]. Materials and Design, 2014, 63 : 407-411.

[61] YANG G Y, LIN X, LIU F C, et al. Laser solid forming Zr-based bulk metallic glass [J]. Intermetallics, 2012, 22 : 110-115.

[62] WANG L, FELICELLI S, GOOROOCHURN Y, et al. Optimization of the LENS,

process for steady molten pool size [J]. Materials Science and Engineering A, 2008, 474 (1-2): 148-156.

[63] CHANDE T, MAZUMDER J. Estimating effects of processing conditions and variable properties upon pool shape, cooling rates, and absorption coefficient in laser welding [J]. Journal of Applied Physics, 1984, 56(7): 1981-1986.

[64] SCHROERS J, MASUHR A, JOHNSON W L, et al. Pronounced asymmetry in the crystallization behavior during constant heating and cooling of a bulk metallic glass-forming liquid [J]. Physical Review B, 1999, 60(17): 11855-11858.

[65] SCHROERS J. Processing of bulk metallic glass [J]. Advanced Materials, 2010, 22(14): 1566-1597.

[66] SCHROERS J, BUSCH R, BOSSUYT S, et al. Crystallization behavior of the bulk metallic glass forming Zr41Ti14Cu12Ni10Be23 liquid [J]. Materials Science and Engineering: A, 2001, 304 : 287-291.

[67] 徐火青，凌泽民，李金阁，等 . 基于 SYSWELD 分析焊接电流对 TIG 点焊熔池尺寸的影响[J]. 热加工工艺，2012，41(1): 142-144.

[68] 刘江龙，邹至荣，苏宝 . 高能束热处理[M]. 北京：机械工业出版社，1997.

[69] LI N, ZHANG J, XING W, et al. 3D printing of Fe-based bulk metallic glass composites with combined high strength and fracture toughness [J]. Materials and Design, 2018, 143 : 285-296.

[70] NARAYAN R, BOOPATHY K, SEN I, et al. On the hardness and elastic modulus of bulk metallic glass matrix composites [J]. Scripta Materialia, 2010, 63(7): 768-771.

[71] XIANG S, LUAN H, WU J, et al. Microstructures and mechanical properties of CrMnFeCoNi high entropy alloys fabricated using laser metal deposition technique [J]. Journal of Alloys and Compounds, 2019, 773 : 387-392.

[72] QIU Z C, YAO C W, FENG K, et al. Cryogenic deformation mechanism of CrMnFeCoNi high-entropy alloy fabricated by laser additive manufacturing process [J]. International Journal of Lightweight Materials and Manufacture, 2018, 1(1): 33-39.